"十四五"时期
国家重点出版物出版专项规划项目

航天先进技术研究与应用系列

典型相控阵雷达数据处理软件开发与应用
基于 MATLAB 和 Qt 实现

Development and Application of Typical
Phased Array Radar Data Processing Software

周志增　吴志建　顾荣军　王在立　著

徐少坤　主审

哈尔滨工业大学出版社
HARBIN INSTITUTE OF TECHNOLOGY PRESS

内容简介

本书是一部以雷达数据处理软件开发与应用为主题的著作,阐述了雷达数据处理基础理论、软件设计方法及工程应用实践相关内容。首先介绍了 MATLAB 和 Qt 的基本使用方法及与雷达数据处理相关的理论知识,然后结合大量的软件开发实例和工程实现案例,深入介绍了雷达模拟系统、三维综合态势显示、雷达数据处理软件等相关内容的设计和开发,并提供了非常实用的 MATLAB 和 C++ 程序源代码,以便于读者理解和实践应用。

本书理论联系实际,突出工程实践和应用,可供从事雷达系统保障、雷达数据处理相关专业的科研和技术人员阅读参考。

图书在版编目(CIP)数据

典型相控阵雷达数据处理软件开发与应用:基于 MATLAB 和 Qt 实现/周志增等著. —哈尔滨:哈尔滨工业大学出版社,2025.5. —(航天先进技术研究与应用系列). —ISBN 978-7-5767-1989-5

Ⅰ. TN958.92-39

中国国家版本馆 CIP 数据核字第 2025ZK9763 号

策划编辑	甄淼淼 许雅莹
责任编辑	闻 竹 张 权
封面设计	刘长友
出版发行	哈尔滨工业大学出版社
社　　址	哈尔滨市南岗区复华四道街 10 号　邮编 150006
传　　真	0451-86414749
网　　址	http://hitpress.hit.edu.cn
印　　刷	哈尔滨博奇印刷有限公司
开　　本	720 mm×1 020 mm　1/16　印张 17　字数 342 千字
版　　次	2025 年 5 月第 1 版　2025 年 5 月第 1 次印刷
书　　号	ISBN 978-7-5767-1989-5
定　　价	88.00 元

(如因印装质量问题影响阅读,我社负责调换)

雷达是通过发射电磁波,再从接收到的反射信号中检测目标回波来探测目标的。在接收到的信号中,不仅有目标回波,还有噪声源、杂波及人为干扰等不希望有的信号,因此雷达探测的背景十分复杂。一般通过雷达信号处理获取目标的各种有用信息,如距离、速度等。而通过数据处理技术完成雷达目标点迹和航迹的相关处理,从而显示目标航迹,以及实现对目标的实时跟踪等,即当雷达持续观察一个目标时,能够提供目标的运动航迹,并能预测目标未来时刻的位置。

雷达数据处理技术越来越重要,主要体现在以下几个方面。

(1)最初雷达只是应用在军事领域,也只在军事领域的地位比较重要,如今,雷达已经被应用于许多民用场合,如气象、交通等,雷达的广泛应用也推动了雷达数据处理技术的普遍应用。

(2)雷达信号处理能力的不断提高,对雷达数据处理技术提出了更高的要求,加速了雷达数据处理技术的持续发展。

(3)从现代战争角度来讲,可能有几百甚至上千批空中目标,同时还存在各种杂波和干扰,不可能再使用传统的人工方法实现对目标测量数据的处理,必须利用雷达数据处理技术实时对目标测量数据进行处理。

本书是作者长期从事雷达相关保障工作研究的总结,目的是帮助读者了解雷达数据处理的基本概念及雷达数据处理软件开发的相关知识,为雷达数据处理开发提供技术支持。全书共8章,第1章对雷达数据处理基础进行介绍,主要包括雷达数据处理系统的目的、应用,雷达数据处理的发展历史、设计要求和技术指标,同时对本书所使用的开发工具进行介绍,由吴志建撰写。第2章介绍MATLAB中的数据类型、程序设计方法、绘图等基础知识,最后结合实例对数据读取和数据游标的使用进行介绍,由顾荣军撰写。第3章讨论Qt的基础知识,包括坐标系统与变换、常见控件、绘图、信号槽等,在提高应用中给出了设计雷达PPI显的具体实例,由王在立撰写。第4章涉及典型相控阵雷达数据处理基础,介绍航迹起始、航迹关联、滤波方法,对目标模型及航迹评估指标进行论述,由周志增、吴志建撰写。第5章首先介绍典型相控阵雷达在工程上常用的目标跟踪算法,接着使用MATLAB开展数据处理仿真,由周志增撰写。第6章通过具体雷达模拟软件的设计作为后续数据处理的应用支撑,模拟软件涉及界面设计、运动目标模拟、A显、PPI显等开发内容,由周志增撰写。第7章对三维态势显示平台软件进行开发设计,作为对雷达显示的补充和提高,由周志增、顾荣军撰写。第8章对雷达数据处理软件开发具体工作做了详细的介绍,包括功能描述、总体设计、功能实现及实现效果等,作为补充,还介绍了基于ADS-B的雷达系统误差标校方法和使用策略,由周志增撰写。此外,王永海、杨沛、卢俊道对本书部分内容进行修订和校验,徐少坤对全书进行审核。

为了全面、清晰地阐述雷达数据处理相关技术,本书在撰写过程中参考了国内外学术资料,在此向所有作者表示衷心感谢。特别感谢赵晶博士为本书第5章多功能相控阵雷达系统建模仿真提供了测试源码。

本书提供了部分MATLAB代码和C++代码,可用于模拟仿真和实现本书中所设计的软件。由于项目技术要求原因,有部分代码未提供。书中涉及的源代码不提供任何保证,主要起到参考的作用,源代码的贡献者不对由此造成的任何损害承担责任。

尽管我们高度重视书稿内容,尽可能地进行修定和完善,付出了很多努力,但由于水平有限,书中难免存在疏漏之处,恳请广大读者批评指正。

作　者

2024年10月

目 录

第 1 章 绪论 ······ 1
1.1 雷达数据处理分系统的目的 ······ 1
1.2 雷达数据处理的应用 ······ 2
1.3 雷达数据处理的发展历史 ······ 2
1.4 雷达数据处理的设计要求和技术指标 ······ 5
1.5 桌面应用软件开发工具 ······ 8
1.6 雷达仿真系统研究现状 ······ 10
1.7 本章小结 ······ 11
本章参考文献 ······ 11

第 2 章 MATLAB 应用基础 ······ 12
2.1 MATLAB 编程工具 ······ 12
2.2 基础知识 ······ 12
2.3 提高应用 ······ 19
2.4 本章小结 ······ 20
参考程序 ······ 21
本章参考文献 ······ 26

第 3 章 Qt 基础知识及案例 ······ 27
3.1 Qt 编程工具 ······ 27
3.2 基础知识 ······ 28
3.3 Qt 的对象模型 ······ 41
3.4 提高应用 ······ 42
3.5 本章小结 ······ 53
本章参考文献 ······ 53

第 4 章 典型相控阵雷达数据处理基础 54
4.1 相控阵雷达概述 54
4.2 边扫描边跟踪雷达 56
4.3 航迹起始 58
4.4 航迹关联 65
4.5 滤波方法及目标模型 71
4.6 修正的常增益自适应滤波方法 77
4.7 航迹评估指标 80
4.8 本章小结 81
本章参考文献 81

第 5 章 典型相控阵雷达数据处理技术的实现方法及 MATLAB 仿真 82
5.1 典型相控阵雷达数据处理算法 82
5.2 雷达数据处理 MATLAB 仿真实现 90
5.3 多功能相控阵雷达系统建模仿真 97
5.4 本章小结 106
参考程序 106
本章参考文献 113

第 6 章 雷达模拟训练软件设计 114
6.1 模拟训练软件简介 114
6.2 模拟训练软件设计 115
6.3 模拟训练软件运行效果 129
6.4 本章小结 130
本章参考文献 130

第 7 章 三维态势显示软件设计与实现 131
7.1 三维态势显示软件简介 131
7.2 三维态势软件设计 135
7.3 三维态势软件主要功能实现 140
7.4 三维态势软件运行效果 160
7.5 本章小结 169
本章参考文献 169

第 8 章 雷达数据处理软件开发与应用 170
8.1 雷达数据处理软件简介 170

8.2 雷达数据处理软件设计 …………………………………………… 171
8.3 雷达数据处理软件功能实现 ……………………………………… 179
8.4 基于 ADS-B 的雷达系统误差校准 ……………………………… 217
8.5 本章小结 …………………………………………………………… 226
参考程序 ………………………………………………………………… 226
本章参考文献 …………………………………………………………… 231
附录1 ADS-B 系统误差分析程序 ………………………………………… 232
附录2 部分彩图 …………………………………………………………… 251

第 1 章

绪 论

1.1 雷达数据处理分系统的目的

现代雷达系统均包括雷达信号处理分系统和雷达数据处理分系统。其中,雷达信号处理分系统主要用来检测目标,获取目标的位置、速度、雷达散射截面积(radar cross section,RCS)、形状等信息,形成目标点迹信息后送往雷达数据处理分系统;雷达数据处理分系统对目标点迹进行航迹起始、航迹关联、航迹预测及航迹滤波,形成目标航迹,从而实现对目标的实时跟踪。雷达数据处理是对雷达信号处理获取的点迹信息进行处理的,属于二次处理。不同的是,雷达信号处理是在每次雷达观测中进行的,雷达数据处理则是在整个雷达扫描帧周期上进行的。

总体来说,雷达数据处理分系统的目的是按照规则从虚警和杂波中正确起始目标航迹,并对目标进行滤波跟踪,将目标参数在雷达显示界面显示,并按需求、按格式上报。雷达数据处理分系统主要完成以下任务。

(1)目标自动起始。形成目标的稳定航迹,过滤虚警和杂波。

(2)目标航迹滤波跟踪。获取目标准确的位置参数和运动参数,减少目标探测中的不确定性。

(3)目标搜索跟踪模式转换,产生波束请求。

(4)雷达情报上报。将目标情报通过通信链路按规定的格式进行上报。

1.2　雷达数据处理的应用

雷达数据处理的作用是对雷达信号处理获取的点迹信息进行处理得到目标航迹信息，并推算出目标在下一刻的位置。在实际雷达系统中，首先需要给出目标的航迹信息，指挥员根据航迹信息做出判决，执行相应的战术动作。雷达数据处理在军用和民用两个领域都有广泛应用。在军用方面，主要用于目标指示、防空预警及拦截制导等；在民用方面，主要用于气象探测、空中导航和交通管制等。在不同的应用场合下，雷达数据处理系统要实现的功能是有差别的。比如，在防空预警中，需要对关注的空域进行大范围搜索，对发现的目标快速起批，为近程防空雷达提供目标指示信息；在空中交通管制中，需要通过航迹预测检测飞机之间的间距是否符合安全标准，以维护空中交通安全。

1.3　雷达数据处理的发展历史

本节从三个方面对雷达数据处理的发展历史进行回顾，分别为单目标跟踪滤波、多目标跟踪技术及雷达组网融合处理。

1.3.1　单目标跟踪滤波

单目标跟踪滤波发展历史见表 1.1。

表 1.1　单目标跟踪滤波发展历史

时　间	发展历史
19 世纪	Gauss 提出了最小二乘法
20 世纪 40 年代	第一代火控雷达的诞生，使单目标跟踪雷达的维纳（Wiener）滤波得到了成功应用
20 世纪 50 年代	出现的单脉冲雷达是单目标跟踪雷达发展的一个里程碑
20 世纪 60 年代	Kalman 等将状态变量分析方法引入滤波理论，得到了最小均方误差估计问题的时域解，卡尔曼滤波成为数据处理的主要技术
20 世纪 70 年代	Singer 提出加速度时间相关模型，认为目标的机动加速度是一个零均值的平稳时间相关过程，其统计特性满足均匀分布

续表1.1

时 间	发展历史
20世纪80年代	1982年,Bar-Shalom等提出变维滤波器(variable dimension filter, VDF)的思想,其方法是首先检测目标是否发生机动,然后根据检测结果,相应增减滤波器的维数;1989年,Blom等提出著名的交互多模(interacting multiple model, IMM)算法,该算法运用多个不同机动特性的模型综合描述目标的运动变化规律,模型之间的转换由马尔可夫过程表征,滤波器输出多个不同模型滤波器的概率加权值,IMM算法被公认是机动目标跟踪最有效的算法,在相关军用和民用系统中得到了广泛应用
近年来	无迹卡尔曼滤波器(unscented Kalman filter, UKF)、粒子滤波器(particle filter, PF)等非线性滤波器得到了广泛应用

从表1.1中可以看出,对于不同的传感器,如主动传感器、被动传感器或侦察传感器,对目标跟踪算法的研究大都经历了确定性参数求解、最小二乘及其变体、维纳滤波及其推广、卡尔曼滤波及其推广、非线性滤波的应用等几个发展阶段。从目前来看,主流使用的滤波器为非线性滤波器和多模型滤波器。

1.3.2　多目标跟踪技术

相控阵雷达往往需要同时跟踪处理多批目标,这就需要使用多目标跟踪技术。多目标跟踪技术就是雷达为了保持对当前空域中目标的跟踪状态而对接收到的量测数据进行处理的过程。多目标跟踪技术涉及的方面很多,主要包括目标运动模型的确定、跟踪滤波算法的选择、跟踪波门大小的调整、点航关联和航迹更新、航迹起始与终结、航迹盲推、航迹质量评估等。

点航关联是多目标跟踪中的关键技术,是实现多目标跟踪的前提。点航关联的正确率直接影响雷达的跟踪精度和航迹质量。点航关联出现错误将导致正确目标丢失,虚假航迹数量增加。传统的点航关联研究主要集中在两个方面:一方面是点航关联波门的选择,包括形状和大小;另一方面是点航关联算法及其判定准则。

点航关联算法包括极大似然类点航互联算法和贝叶斯类点航互联算法。其中,极大似然类点航互联算法的基础为目标观测信息的似然比,具体包括航迹分叉法、联合极大似然算法、广义相关法等。与极大似然类点航互联算法不同,贝叶斯类点航互联算法的基础是贝叶斯准则,主要算法有最近邻域法、概率数据互联法(probabilistic data association, PDA)、联合概率数据互联法(joint probabilistic data association, JPDA)、"全邻"最优滤波算法、多假设法(multiple hypothesis tracking, MHT)等,本节对几种典型的贝叶斯类点航互联算法进行介绍。

(1) 最近邻域法。

最近邻域法仅把与被跟踪目标预测状态最近的回波作为目标回波。该方法优点是算法简单、计算量不大、工程实现简单,但在复杂环境下,离目标预测位置最近的量测数据未必是该目标数据,容易误判和真实目标丢失。

(2) 概率数据互联法。

1972 年,Bar-Shalom 等首先提出概率数据互联法,它是一种基于贝叶斯公式的数据关联方法,该方法适合单目标跟踪和稀疏多目标跟踪,其基本思想是:关联区域内的每个有效回波都可能源于目标,只是其相应的互联概率不同,在基于所有候选回波对目标状态进行更新时,先分别计算出每个候选回波对目标状态更新的滤波值,并以相应的互联概率为权值,然后求出各候选回波对应滤波值的加权和,并将此加权和作为最终的目标状态估计值。概率数据互联法易实现,但在杂波密集多的目标环境下,容易失跟和丢失目标。

(3) 联合概率数据互联法。

20 世纪 80 年代,Bar-Shalom 等在仅适合单目标跟踪的概率数据互联算法基础上提出了 JPDA 算法,该算法可以同时对多个目标进行跟踪处理。其基本思想是:引入确认矩阵的概念描述量测与不同目标互联的情况,按照一定原则对确认矩阵进行拆分得到互联矩阵,进而确定可行互联事件并计算其概率,利用概率加权对目标状态进行更新。JPDA 是在杂波多目标环境下跟踪效果良好的数据关联方法,但当目标个数和候选回波数很多时,可行联合事件的个数呈指数增长,计算出现组合爆炸现象。

(4) "全邻"最优滤波算法。

1974 年,Singer 等研发了一类全邻滤波器,它不仅考虑全部有效回波(空间累积信息),而且考虑跟踪历史,即多扫描相关(时间累积信息)。"全邻"最优滤波算法效果好,若记忆次数 $N=0$ 时,则为 PDA,但其更复杂,计算量较大。

(5) 多假设法。

1978 年,Reid 首先提出了 MHT 算法,它是以"全邻"最优滤波算法和 Bar-Shalom 提出的聚的概念为基础的。算法由四个主要处理模块组成:数据聚簇、假设的生成(假设的概率计算)、假设组合和剪枝及假设矩阵管理。多假设法跟踪效果好,但其过多的依赖目标的先验知识,计算复杂,难以工程实现。

1.3.3　雷达组网融合处理

随着雷达面临的电磁威胁越来越复杂,体系对抗呈现出越来越明显的态势。制约雷达探测性能的要素越来越多,电子对抗、低空突防、低截获波形、反辐射攻击等都成为雷达的潜在威胁。为了提升雷达战场存活能力,在复杂战场环境下更加有效地发挥作用,雷达组网应运而生。多雷达组网得益于信息融合的优势,在反隐身、抗干扰、航迹合成等方面具有重大优势,因此其得到了广泛应用。

雷达组网将多部不同模式、不同体制、不同频段和不同极化方式的雷达进行合理的布站,通过雷达间相互通信进行连接,使得雷达协同工作达到资源的优化,有利于整个雷达覆盖区域内的探测、定位和跟踪任务,从而使整体作战能力得到极大的提高,包括探测、定位、跟踪、识别、威胁判断等在内的雷达整体性能得到大幅提升,在抗干扰能力、抗隐身能力、抗反辐射抗击能力、抗低空/超低空突防能力方面发生了本质的变化。例如,俄罗斯部署在莫斯科周围的"橡皮套鞋"反导系统是典型的单基地雷达组网的例子,"爱国者"组网雷达系统是台湾防空、反导系统中的重要组成部分。

多传感器信息融合涉及的内容非常广泛,例如,目前热门的关键技术主要有多传感器误差配准技术、机动目标跟踪技术、数据融合技术、传感器资源调度和能量管理技术、分布式恒虚警(constant false alarm rate,CFAR)检测技术、群目标跟踪技术等。一些先进的数学理论和复杂性科学也被引入这一领域当中,例如,D-S证据理论、模糊数学、随机集理论等。

雷达组网是一种需要多传感器协同工作的系统,根据信息处理方式的差异,雷达组网可以分为集中式组网和分布式组网两类。集中式组网下的所有传感器将获取的目标信息上传到融合中心,由融合中心完成综合处理。分布式组网下的每部传感器都独立对获取的信息进行预处理,获取目标的位置信息后传输到融合中心,由融合中心对各传感器上报的航迹数据进行关联、融合,得到最终的目标状态数据。由于分布式组网对融合中心计算能力要求较低,具有较高的可靠性,工程实现相对简单,因此应用更广泛。

1.4 雷达数据处理的设计要求和技术指标

1.4.1 设计要求

雷达数据处理设计一般要考虑三个方面的问题,本节对此进行介绍。

1. 鲁棒性

在目标跟踪过程中,通常假设系统噪声和观测噪声均服从高斯分布,但在实际工作环境中,噪声很难完全服从高斯分布,因此系统噪声和量测噪声概率分布函数与某种假设条件往往会出现不一致的情况。数据处理鲁棒性问题是指当工作环境中实际噪声分布与算法所假设的噪声分布存在偏离时,雷达系统要求跟踪算法能够尽量降低系统中不确定因素和异常值的影响,从而保证算法估计效果及精度的可信性和稳定性,确保雷达系统正常工作。鲁棒性的核心就是要在系统最优指标和系统抗干扰性能之间寻求一种平衡,为保证系统算法的稳定性,有必要牺牲一部分效率。

对于雷达技术保障人员来说,往往需要持续稳定地对目标进行搜索、跟踪以获取目标的各项参数。因此,数据处理的稳定性是首位的,而对于雷达数据处理工程算法来说,首要的指标是鲁棒性。

2. 可靠性和开放性

相控阵雷达可以同时跟踪成百上千批雷达目标,这就需要雷达数据处理保证实时性设计,快速准确地形成稳定航迹。因此,雷达数据处理工程设计中应该选择简单、可靠性高、容易实现和相对成熟的算法。此外,雷达数据处理算法中涉及的参数较多,雷达保障人员往往需要根据实际情况对参数进行调整,以适应任务需求。为方便用户自主配置和优化数据处理内部参数,数据处理软件应具备可视化特性,开放内部主要参数。

3. 智能化处理

对于典型雷达数据处理来说,基本功能模块基本相同,但不同用途的雷达在具体的数据处理环节设计要求存在差别。例如,对于远程预警雷达来说,对目标的发现速度是首要的,雷达需要快速起批形成航迹,为指挥员提供情报和决策支持。由于预警雷达波束一般较宽,工作时必然受地杂波及多径影响严重,快速起批往往导致虚假航迹较多,影响对真实目标的判定。对于远程预警雷达来说,需要解决虚假航迹剔除和航迹点丢失问题。因此在设计雷达数据处理软件时,重点对雷达观测的数据特性进行分析,如噪声分布、目标分布、目标密集程度等。根据特定场景下的数据特性对数据进行智能化处理,是提高数据处理应用能力的关键。

1.4.2 技术指标

本节从以下几方面对雷达数据处理器主要技术指标进行介绍。

1. 实时性

实时性是指系统能在要求的时间范围内对输入数据进行处理和响应。雷达数据处理器需在收到点迹信息之后尽快做出处理和判断,若采用的跟踪算法过于复杂,处理时间过长,可能导致点航迹信息处理出现滞后,影响处理结果和目标显示的实时性,无法准确上报当前的目标位置。

2. 跟踪容量

跟踪容量是指雷达数据处理器能同时处理的最大目标数。随着雷达硬件处理速度的提升，这一指标也得到明显提高，特别是早期预警需要关注的空域较大、探测区域变大，必然对能同时跟踪的目标数量提出了更高要求。增加跟踪容量是要提升雷达点航关联、航迹起始、航迹滤波等处理能力，为指挥决策提供更多情报支持。

3. 目标丢失概率和虚假目标概率

雷达在探测过程中，往往会出现真目标丢失和不需要的虚假目标，两者之间存在相互制约的关系。在航迹起始阶段，波门大小起着至关重要的作用。选择较大的波门，有助于提高真实目标落入波门内的概率，从而保证真实航迹的起始概率，但同时会有很多无关的点迹落入波门内，使点航关联异常复杂，虚假航迹难以控制；相反，减小波门可能导致目标难以落入波门内，目标出现丢失。波门设置是否合理，要根据实际需求采用不同的准则，该参数可直接开放给用户，用户可以自行设置以满足不同任务需求。

4. 跟踪精度

目标跟踪精度主要取决于传感器的测量精度、所采用的数据互联和滤波算法等。

1.4.3 性能评估

数据处理性能评估主要包括以下四个方面。

(1) 数据互联。

数据互联通常用于不同环境下的数据，如存在野值、密集目标环境、交叉目标环境、机动多目标等，通过计算多目标正确互联概率、错误互联概率、漏互联概率等指标来对数据互联情况进行互评。

(2) 跟踪批数。

跟踪批数直接反映雷达数据处理系统的跟踪容量和处理能力，可以采用模拟目标数据进行测试。

(3) 跟踪滤波器精度。

需要结合实际飞行真值数据对雷达跟踪航迹数据进行比对，获取雷达测量误差，得到雷达跟踪滤波器精度。

(4) 实时性。

实时性需要在雷达实际开机工作条件下用实测数据测试数据处理的速度。

1.5 桌面应用软件开发工具

目前来看,设计桌面应用软件常用的开发工具有 MFC 和 Qt 两种,本节简要介绍两款工具的优缺点。

1.5.1 MFC

MFC(microsoft foundation classes,MFC)是微软基础类 C++库,以 C++类的形式封装 Windows 的应用程序编程接口(application programming interface,API),并且包含一个 Windows 应用程序框架,以减少应用程序开发人员的工作量。其中包含的类有大量 Windows 句柄封装类、Windows 的内建控件和组件的封装类。MFC 除了是一个类库外,还是一个框架,在 VC(microsoft visual C++)里新建一个 MFC 的工程,开发环境会自动产生许多文件,同时它使用了 mfcxx.dll。其中,xx 是版本,它封装了 MFC 内核,因此在代码看不到原本的软件开发工具包(software development kit,SDK)编程中的消息循环。由于 MFC 框架已经进行封装,用户只需考虑程序的逻辑,避免一些重复性工作。因 NFC 是通用框架,没有针对性,缺乏灵活性和效率,但它的封装很浅,效率上损失不大。MFC 或多或少使用了面向对象的方法包装了 Win32 的 API,正因如此,这些 API 有时是 C++,有时是 C,甚至是 C 和 C++的混合体。

1. 优点

VC 是一个开发工具,自带 MFC 工程向导,VC 对 MFC 支持得很好。MFC 对于界面实现简单,易于上手,能快速制作简单的用户界面(user interface,UI),执行效率高,生成的 exe 或者其他程序可以直接在 Windows 系统上执行,生成的文件体积也比较小。

2. 缺点

(1)MFC 无法创建大小动态可变的子窗口,必须重新手动修改代码来改变窗口的位置。

(2)不能跨平台,程序只能运行在 Windows 系统,无法移植到 Linux、MacOS 系统。

1.5.2 Qt

Qt 是 Trolltech 于 1994 年左右开发的一个 C++图形库,它可以运行在 Windows、MacOS、Unix、Sharp Zaurus 等嵌入式系统中。Qt 是完全面向对象的,广泛用于开发图形用户界面(graphical user interface,GUI)程序,也可用于开发非GUI程序,比如控制台工具和服务器。

1. 优点

(1)跨平台使用,包括 Windows、Linux、MacOS 等。

(2)完全面向对象,内部使用信号槽机制,易上手。

(3)开发文档丰富,支持以编程工具(visual studio,VS)插件的形式进行开发,可以制作漂亮精美的软件用户界面,省时省力。

2. 缺点

Qt 存在过度封装的问题,而且体积稍大,执行效率没有 MFC 高,程序分发打包时需要将 Qt 的核心动态链接库(dynamic link library,DLL)一起随程序打包,否则程序无法运行,也可以用静态库的方式进行编译,默认只生成一个 exe 文件,但程序的体积会变得很大。总体来说,Qt 生成的文件在发布方面的方便性不如 Windows 的原生程序或者 MFC 的程序。

MFC 和 Qt 的主要差别见表 1.2。

表 1.2　MFC 和 Qt 的主要差别

类型	MFC	Qt
面向对象	MFC 的根本目的是访问包装起来的用 C 语言写的 Windows 的 API,这并非好的面向对象的设计模式,MFC 经常需要提供一个包含 15 个成员的 C 语言的 struct,但其中只有一个与期望相关,或者必须用旧式的参数来调用函数	Qt 是经过精心设计的面向对象架构。因此 Qt 在命名、继承、类的组织等方面保持了优秀的一致性,只需要提供唯一的参数。Qt 在不同的类中调用方式具有很强的连贯性
消息循环	MFC 是事件驱动的架构,要执行任何操作都必须对特定的消息做出响应。Windows 对应用程序发送的信息数以千计,但要分清楚纷繁复杂的消息是很困难的,同时 MFC 并不能很好的解决复杂性消息处理的文档问题。	Qt 的消息机制是建立在 SIGNAL( ) 发送和 SLOT( ) 接收的基础上的。这个机制是对象间建立联系的核心机制。利用 SIGNAL( ) 可以传递任何参数,功能非常强大
创建界面	MFC 无法创建大小动态可变的子窗口,必须重新手动修改代码来改变窗口的位置	Qt 提供了一个图形用户工具 Qt Designer,可以用来帮助建立用户界面,修改任何控件的属性
帮助文档	VC 开发环境的帮助文档 MSDN 内容丰富,涵盖广泛,但关键信息不突出	Qt 的文档完备,详细覆盖了 Qt 的方方面面,每一个类和方法都被详尽描述,举例充实

1.6 雷达仿真系统研究现状

当前,新型雷达装备(如数字阵列雷达、可重构软件化雷达等)结构复杂,软件重构功能灵活,从装备评估的实际需求来看,仅仅依靠静态测试和有限的动态对抗测试难以综合评估装备的实际作战能力。采用数字建模及仿真技术可以在内场构建逼真的复杂电磁环境,满足对抗条件下对雷达装备进行综合评估的需求,也能为各种战术战法研究提供强有力的技术支撑。

随着相关信息技术的快速发展,雷达电子对抗技术得到快速发展,各种雷达电子战综合仿真系统应运而生,在国内外得到了广泛关注,本节对一些典型的仿真系统进行介绍。

如 EADSIM、WARSIM2000 等作战仿真系统对雷达电子信息装备大多进行功能级仿真,建模颗粒度较粗,只对信号波形、目标回波、杂波及干扰信号进行数字仿真,没有对实际的射频信号进行处理。功能级仿真往往较为简单,能较好地体现雷达的处理流程,实时性强,但缺少对波束形成、信号处理等硬件层面的细节处理,对对抗双方的动态变化、干扰环境模拟等无法准确描述,更无法全面、定量地反映出雷达系统在对抗条件下的探测性能变化、受干扰机理等现象。因此,在实际装备实验测试及论证评估中,一般不采用功能级仿真,取而代之的是半实物仿真。

美国国防部的先进电子对抗实验室采用开放式和高弹性架构,通过实时网络和非实时网络进行连接,并大多使用商用成熟的产品,在降低开发成本的同时有效提升系统的更新换代速度,同时保证产品的稳定性。实验室能实现电子战系统性能评估、战术战法评估及电子战保障人员培训等功能。

美国阿莫斯特公司研制的作战电磁环境模拟系统擅长模拟动态的作战环境,比如电子对抗设备在工作中遇到的敌方和己方的电磁辐射信号。此外,该模拟系统可以作为模拟器设备模拟各种辐射源电磁信号,包括雷达、敌我识别信号、机载电子战信号、制导寻的信号等,模拟出的电磁信号可以作为激励源提供给雷达接收机、电子情报系统及电子对抗设备,从而为装备作战研究及人员培训提供条件。

南非科学与工业研究理事会在雷达电子战仿真方面研制出了三个具有代表性的产品。第一个为通用雷达与电子战环境仿真系统,该系统回路由硬件组成,能为雷达与电子战环境仿真系统测试和评估提供一个完整的闭关系统;第二个为雷达目标与电子对抗仿真系统,该系统主要是用来产生雷达回波和对抗态势模拟的;第三个为传感器与电子战作战仿真系统,该系统可模拟多对多的场景,支持任意数量的雷达和电子战设备接入仿真系统。用户可以设置某种仿真条件，根据系统得到的反馈结果有针对性地优化和评估被测系统性能。

我国在雷达电子战仿真方面经过多年的发展，在雷达电子战仿真领域取得了众多进展，特别是在防空反导、区域防空、干扰对抗及战略预警等领域成果显著。以科研院所和高校为代表的科研单位相继研发出不同特点的雷达仿真系统，推动雷达电子战仿真技术不断前进。

以中国船舶重工集团第723研究所研发的雷达电子战半实物仿真系统为例，主要由主仿真计算机模拟分系统、雷达信号环境模拟分系统、雷达目标模拟分系统、通用雷达接收机模拟分系统、装备导引头姿态模拟分系统、天线阵列和微波暗室等构成。该系统建立仿真实验所需要的各类仿真模型，依据实时性要求及仿真实验准确度进行优化和验证，并采用高速数字信号处理（digital signal processing,DSP）搭建平台，实现高灵敏度、多体制、全方位雷达信号生成。

国防科技大学研制的雷达仿真系统，包括功能级和信号级两种，覆盖各种典型地基、舰载和机载雷达，同时涵盖防御系统中宙斯盾雷达等关键雷达系统。该系统在仿真运行过程中，通过装订工作参数，能够全面展示跟踪制导雷达的状态和处理结果，包括雷达工作状态、仿真事件、执行任务类型和相应参数等。

1.7 本章小结

本章主要介绍雷达数据处理的基础概念，比如雷达数据处理的目的、应用、发展历史及设计要求和技术指标。另外，对桌面应用软件开发工具（如MFC、Qt）的优缺点进行介绍和比较。最后，介绍雷达仿真系统的研究现状。

本章参考文献

［1］沈玲.雷达数据处理的研究及其软件实现［D］.南京：南京理工大学，2012.
［2］申磊.雷达数据处理关键模型研究及仿真实现［D］.长沙：国防科学技术大学，2010.
［3］何友，修建娟.雷达数据处理及应用［M］.3版.北京：电子工业出版社，2013.
［4］孙仲康.雷达数据数字处理［M］.北京：国防工业出版社，1983.
［5］BAR-SHALOM Y, BLSIR W D. Multi target-multisensor tracking: Advanced applications［M］. 2nd Ed. Dedham. MA: Artech House, 2000.
［6］权太范.目标跟踪新理论与技术［M］.北京：国防工业出版社，2009.

第 2 章

MATLAB 应用基础

2.1　MATLAB 编程介绍

矩阵实验室(Matrix Laboratory,MATLAB)是以线性代数软件包 LINPACK 和特征计算软件包 EISPACK 中的子程序为基础发展起来的一种开放式程序设计语言,是一种高性能的工程计算语言。

MATLAB 是一款功能非常强大的科学计算软件。MATLAB 的表达式与数学、工程中常用的形式十分相似,因此用 MATLAB 做计算仿真比其他类型编程语言(如 C++、JAVA 等)简便得多,尤其是解决了包含矩阵和向量的工程技术问题。在工程应用中,尤其是在雷达专业领域中,MATLAB 是仿真和分析问题经常选用的工具。

2.2　基础知识

2.2.1　数据类型

MATLAB 提供 15 种基本数据类型。每种数据类型存储成矩阵或数组形式的数据,表 2.1 为 MATLAB 中最常用的数据类型。

表2.1 MATLAB中最常用的数据类型

数据类型	描述
int8	8位有符号整数
uint8	8位无符号整数
int16	16位有符号整数
uint16	16位无符号整数
int32	32位有符号整数
uint32	32位无符号整数
int64	64位有符号整数
uint64	64位无符号整数
single	单精度数值数据
double	双精度数值数据
logical	逻辑值为1或0,分别代表true和false
char	字符数据(字符串作为字符向量存储)
单元格阵列	索引单元阵列,每个都能存储 不同维数和数据类型的数组
结构体	C形结构,每个结构能存储 不同维数和数据类型的数组的命名字段
函数处理	指向一个函数的指针
用户类	用户定义的类构造的对象
Java类	从Java类构造的对象

2.2.2 程序设计

1. M文件概述

用MATLAB语言编写的程序,称为M文件。M文件可以根据调用方式的不同分为两类:命令文件(script file)和函数文件(function file)。

2. 常见编程语句

(1)单分支if语句。

单分支if语句的格式如下。

```
if 条件
    语句组
end
```
当条件成立时,则执行语句组,执行完之后继续执行 if 语句的后继语句,若条件不成立,则直接执行 if 语句的后继语句。

(2)for 循环语句。

for 循环语句的格式如下。

```
for 循环变量 = 表达式 1:表达式 2:表达式 3
    循环体语句
end
```

其中,表达式 1 的值为循环变量的初值,表达式 2 的值为步长,表达式 3 的值为循环变量的终值。步长为 1 时,表达式 2 可以省略。

3. 函数文件的基本结构

函数文件由 function 语句引导,其基本结构如下。

function(输入形参)= 函数名(输出形参)

注释说明部分

函数体语句

其中,以 function 开头的一行为引导行,表示该 M 文件是一个函数文件。函数名的命名规则与变量名相同。输入形参为函数的输入参数,输出形参为函数的输出参数。当输出形参多于一个时,则应该用方括号括起来。

4. 程序调试概述

一般来说,应用程序的错误有两类,一类是语法错误,另一类是程序运行时的错误。语法错误包括词法或文法的错误,例如函数名拼写错误、表达式书写错误等。程序运行时的错误是指程序的运行结果有错误,这类错误也称为程序逻辑错误。

Debug 菜单项用于程序调试,需要与 Breakpoints 菜单项配合使用。Breakpoints 菜单项共有六个菜单命令,前两个是用于在程序中设置和清除断点的,后四个是设置停止条件的,用于临时停止 M 文件的执行,并给用户一个检查局部变量的机会,相当于在 M 文件指定的行号前加入一个 keyboard 命令。

2.2.3 绘图函数

1. 绘制单根二维曲线

plot 函数的基本调用格式如下。

plot(x,y)

其中,x 和 y 为长度相同的向量,分别用于存储 x 坐标和 y 坐标数据。

【例2.1】 在 $0 \leq x \leq 2p_i$ 区间内,绘制单根二维曲线 $y = 4\mathrm{e}^{-0.5x} \cos 2\pi x$。
程序如下。

x = 0:pi/100:2*pi;
y = 4*exp(-0.5*x).*cos(2*pi*x);
plot(x,y);grid on;xlabel('x');ylabel('y');
单根二维曲线如图 2.1 所示。

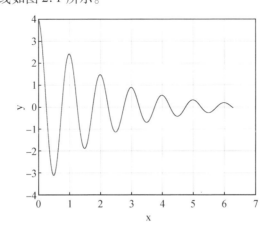

图 2.1　单根二维曲线

2. 绘制多根二维曲线

语法格式如下。

plot(x1,y1,x2,y2,…,xn,yn)

(1)当输入参数都为向量时,x1 和 y1、x2 和 y2、…、xn 和 yn 分别组成一组向量对,每一组向量对的长度可以不同。每一组向量对可以绘制一条曲线,这样可以在同一坐标内绘制多条曲线。

(2)当输入参数有矩阵形式时,配对的 x、y 按对应列元素为横、纵坐标分别绘制曲线,曲线条数等于矩阵的列数。

【例2.2】 绘制两条正弦曲线。
程序如下。

x1 = linspace(0,2*pi,100);x2 = linspace(0,3*pi,100);y1 = cos(x1);
y2 = 1+cos(x2);plot(x1,y1,x2,y2)
grid on; xlabel('x');ylabel('y');
两条正弦曲线如图 2.2 所示。

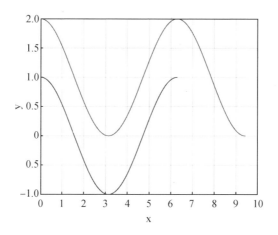

图 2.2　两条正弦曲线

3. 绘制三维曲线

(1) plot3 函数与 plot 函数用法十分相似,其调用格式如下。

plot3(x1,y1,z1,选项 1,x2,y2,z2,选项 2,…,xn,yn,zn,选项 n)

其中,每一组 x、y、z 组成一组曲线的坐标参数,选项的定义与 plot 函数相同。当 x、y、z 是同维向量时,则 x、y、z 对应元素构成一条三维曲线;当 x、y、z 是同维矩阵时,则以 x、y、z 对应列元素绘制三维曲线,曲线条数等于矩阵列数。

【例 2.3】　绘制三维曲线。

程序如下。

t=0:pi/100:20*pi;

x=cos(t);

y=sin(t);

z=t.*sin(t).*cos(t).*sin(t);

plot3(x,y,z);

title('Line in 3-D Space');

xlabel('x');ylabel('y');zlabel('z');

grid on;

三维曲线如图 2.3 所示。

(2) 绘制其他三维图形。

条形图、杆图、饼图和填充图等特殊图形可以以三维形式出现,使用的函数分别是 bar3、stem3、pie3 和 fill3。

【例 2.4】　绘制以下三维图形。

①绘制魔方阵的三维条形图。

②以三维杆图形式绘制曲线 $y=2\sin x$。

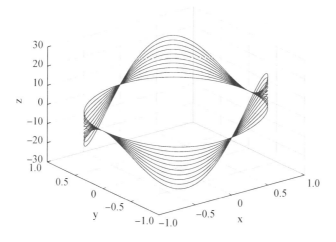

图 2.3 三维曲线

③已知 $x=[2\ 347,1\ 827,2\ 043,3\ 025]$,绘制饼图。

④用随机的顶点坐标值画出五个三角形。

程序如下。

①subplot(2,2,1);

bar3(magic(6))

②subplot(2,2,2);

y=3*sin(0:pi/10:2*pi);

stem3(y);

③subplot(2,2,3);

pie3([2347,1827,2043,3025]);

④subplot(2,2,4);

fill3(rand(3,6),rand(3,6),rand(3,6),′y′)

grid on;

三维图形程序运行结果如图 2.4 所示。

【例 2.5】 绘制多峰函数的瀑布图和等高线图。

程序如下。

subplot(1,2,1);

[X,Y,Z]=peaks(200);

waterfall(X,Y,Z)

xlabel(′X-axis′),ylabel(′Y-axis′),zlabel(′Z-axis′);

subplot(1,2,2);

contour3(X,Y,Z,55,′k′);

xlabel('X-axis'),ylabel('Y-axis'),zlabel('Z-axis');
grid on;

多峰函数的瀑布图和等高线图程序运行结果如图 2.5 所示。

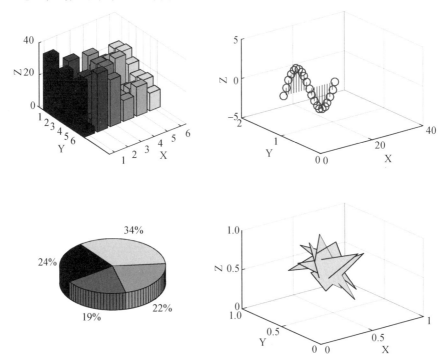

图 2.4　三维图形程序运行结果(彩图见附录 2)

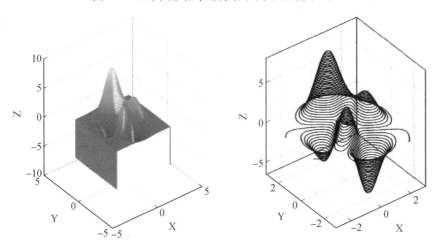

图 2.5　多峰函数的瀑布图和等高线图程序运行结果

2.3　提高应用

2.3.1　文件读取

在使用 MATLAB 处理数据时，常常遇到需要读取一定格式的文件，常见的有.dat、.txt、.csv、.xls 等文件格式。比如.dat 文件为某次雷达跟踪民航的航迹数据，如图 2.6 所示。通过 MATLAB 读取数据文件中的航迹数据，并在极坐标中绘制航迹，读取的结果显示在极坐标中，如图 2.7 所示，读取程序见程序 2-1。

autofile-20211018-154210.dat

```
7867659,1634542998.510,56598510,113.661633,34.410390,2217.419997,
7868853,1634542998.526,56598526,114.630507,35.129700,8107.679988,
7866757,1634542998.530,56598530,112.402749,34.716980,807.719999,
7866677,1634542998.537,56598537,114.872761,34.788580,7193.279989,
7866761,1634542998.550,56598550,112.478980,34.848175,1752.599997,
7869665,1634542998.569,56598569,112.726318,32.710327,7193.279989,
7865358,1634542998.574,56598574,112.455082,34.776384,571.499999,
7866766,1634542998.574,56598574,111.796818,34.726573,2423.159996,
7867330,1634542998.581,56598581,114.972625,35.795598,8321.039987,
7868210,1634542998.588,56598588,113.917762,35.966585,7802.879988,
7867460,1634542998.589,56598589,111.284122,34.498420,11308.079983,
7865501,1634542998.595,56598595,114.694462,35.802475,10698.479984,
7866349,1634542998.597,56598597,112.405495,34.744904,312.420000,
```

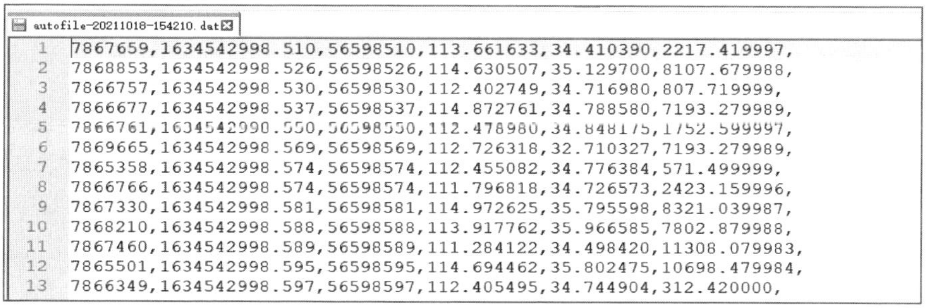

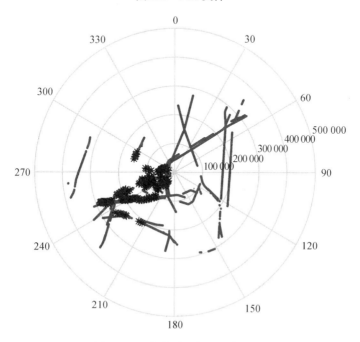

图 2.6　.dat 文件

图 2.7　民航航迹(彩图见附录 2)

2.3.2 数据游标

在对数据进行图形化显示时,有时需要将数据的全部信息显示出来,如图2.8所示,通过数据游标可以直观显示出某点迹的全部属性值,如时间、距离、方位、俯仰、经度、纬度、高度、雷达散射截面积等。可见,游标可以快速显示选中位置的所有属性,方便读者了解全部信息,相关程序见程序2-2。

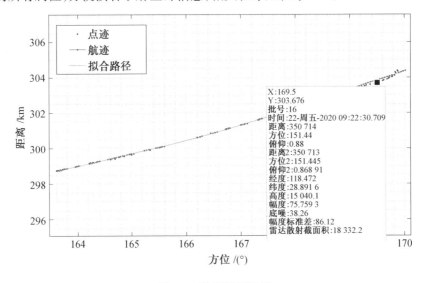

图2.8 数据游标显示

2.4 本章小结

本章主要介绍了MATLAB的数据类型、程序设计、绘图函数。在提高应用中,对文件读取及数据游标进行了举例,并给出了实现代码。MATLAB作为雷达数据处理仿真的主要工具,如果读者想要更深入地了解MATLAB,可以参阅其他MATLAB相关书籍。

参考程序

【程序2-1】

```
% 读各种文件类型数据
clear all;close all;clc;
fileFormat =4;    % 文件类型
alltrackdata = zeros(0,1);
defaultFlightDir = '..\\';
defaultTrackDir = '..\\';
readFlight =1;
flightNo =0;
rowStart =0;
if readFlight
        [filename, filepath] = uigetfile({'*.dat;*.txt;*.csv;*.xls'},...
        '选择文件…', defaultFlightDir,'MultiSelect', 'on');
        if( ~ischar(filename) || ~iscell(filename)) && ~ischar(filepath)
                fprintf(1, 'user cancelled\n');
                return;
        end
        if ~iscell(filename)
                filename = {filename};
        end
    for n =1:numel(filename)
                fullpath = strcat(filepath, char(filename(n)));
                [dir, name, ext] = fileparts(fullpath);
                if strcmp(ext, '.dat')
                    fileFormat = 0;
                elseif strcmp(ext, '.txt')
                    fileFormat = 1;
                elseif strcmp(ext, '.csv')
                    fileFormat = 2;
                elseif strcmp(ext, '.xls')
```

```
                fileFormat = 3;
        elseif strcmp(ext,'.txt')
                fileFormat = 4;
        end
        fprintf(1,'读取%s…\n',char(filename(n)));
            if fileFormat == 0;    % .dat 文件
            fp = fopen(char(fullpath),'r');
            if fp < 0
                continue;
            end
            expression = ['autofile-(?<year>\d\d\d\d)(?<month>
            \d\d)(?<day>\d\d)-'...'(?<hour>\d\d)(?<minute
            >\d\d)(?<second>\d\d)\.dat'];
            flightDateTime = regexp(char(filename(n)),expression,'
            names');
            flightData = fscanf(fp,'%f',[6,Inf])';
            flightPlots = size(flightData,1);
            rowStart = size(flights,1);
            rows = size(flightData,1);
            flights(rowStart+1:rowStart+rows,:) = [flightData, zeros
            (flightPlots,3)];
            fclose(fp);
        elseif fileFormat == 1    % .txt 文件
            fp = fopen(char(fullpath),'r');
            if fp < 0
                continue;
            end
            columns = strsplit(fgets(fp),' ');
            if isempty(char(columns(1)))
                columns = columns(2:end);
            end
            sizeA = [size(columns,2), Inf];
            data = fscanf(fp,'%f',sizeA)';
            fclose(fp);
            if size(alltrackdata,2) < size(data,2)
```

第 2 章　MATLAB 应用基础

```matlab
            alltrackdata(:,size(alltrackdata,2)+1:size(data,2))
                = zeros(size(alltrackdata,1), size(data,2)-size(all-
                trackdata,2));
        end
        rowStart = size(alltrackdata,1);
        rows = size(data,1);
        alltrackdata(rowStart+1:rowStart+rows, :) = data;
    elseif fileFormat == 2    %.csv 文件
        [data,columns] = xlsread(fullpath);
        if size(alltrackdata,2) < size(data,2)
            alltrackdata(:,size(alltrackdata,2)+1:size(data,2))
                = zeros(size(alltrackdata,1), size(data,2)-size(all-
                trackdata,2));
        end
        rowStart = size(alltrackdata,1);
        rows = size(data,1);
        alltrackdata(rowStart+1:rowStart+rows, :) = data;
        fclose(fp);
    elseif fileFormat == 3    %.xls 文件
        [data, txt] = xlsread(fullpath);
        flightNo = data(:,1);
        defaultFlightDir = '..\\gps';
    elseif fileFormat == 4    % .gps 文件
        fp = fopen(char(fullpath), 'r');
        flightNo = flightNo + 1;
        for k = 1:20
            xxx = fgets(fp);
        end
        count = 0;
        while ~feof(fp)
            line = fgets(fp);
            count = count + 1;
            if mod(count, 10) ~= 0
                continue;
            end
```

```
                    num = sscanf(line, '%d/%d/%d %d:%d:%d.%d
                    %d/%d/%d %d:%d:%d.%d %f %f %f %f %f
                    %f');
                    if(numel(num) < 21)
                        break;
                    end
                    utctime = datetime(num(3), num(1), num(2),
                    num(4), num(5), num(6));
                    localtime = datetime(num(10), num(8), num(9),
                    num(11), num(12), num(13));
                    utc = posixtime(utctime) + num(7)/100.0;
                    local = posixtime(localtime) + num(14)/100.0;
                    longitude = num(19);
                    latitude = num(18);
                    altitude = num(20);
                    rowStart = rowStart + 1;
                    flights(rowStart, :) = [flightNo, utc, local, longitude, latitude, altitude, 0, 0, 0];
                end
                fclose(fp);
            else
                fprintf(1, 'unsupported flight file format\n');
                return;
            end
        end
    end
end
```

【程序 2-2】

(1)绘制图形。

```
trackinfo = struct('columns', columns, 'plots', trackdata(points, :));
fg = figure(1234);
clf;
dcm_fg = datacursormode(fg);
set(dcm_fg, 'UpdateFcn', @track_info_callback);
h = plot(trackdata(points, F_AZIMUTH), trackdata(points, F_RANGE)/
```

```
1000,'.');hold on;
set(h,'UserData',trackinfo);hold on;
h = plot(trackdata(points,F_AZIMUTH2),trackdata(points,F_RANGE2)/
1000,'.-');hold on;
set(h,'UserData',trackinfo);hold on;
hold on;
h = plot(poly(points),path(points)/1000,'-');hold on;
set(h,'UserData',pathinfo);hold on;
legend('点迹','航迹','拟合路径','Location','best');
xlabel('方位(度)');
ylabel('距离(km)');
xlim([min(trackdata(:,F_AZIMUTH2))-3, max(trackdata(:,F_
AZIMUTH2))+3]);
ylim([min(trackdata(:,F_RANGE2))/1000-10, max(trackdata(:,F_
RANGE2))/1000+10]);
grid minor
figure_fontsize=16;
set(get(gca,'XLabel'),'FontSize',figure_fontsize);
set(get(gca,'YLabel'),'FontSize',figure_fontsize);
set(get(gca,'Title'),'FontSize',figure_fontsize);
```

(2) track_info_callback.m。

```
function output_txt = track_info_callback(obj,event_obj)
index = get(event_obj,'DataIndex');
target = get(event_obj,'Target');
st = get(target,'UserData');
pos = get(event_obj,'Position');
output_txt = {['X: ',num2str(pos(1))],…
              ['Y: ',num2str(pos(2))]};
if(isempty(st))
    return;
end
columns = {st.columns};
plots = st.plots;
if index > size(plots,1)
    return;
```

```
        end
    sz = size(plots);
    for i=1:sz(2)
        a = strcat(cell2mat(columns(i)),':');
        if sz(2)>10 && i==2
            output_txt{end+1} = [a, sprintf('%s.%03d', datestr(datetime
            (plots(index, i)/1000.0+3600*8,'ConvertFrom','posixtime')),
            mod(plots(index, i),1000))];
        else
            output_txt{end+1} = [a, num2str(plots(index, i))];
        end
    end
end
```

本章参考文献

[1] 李国朝. MATLAB 基础及应用[M]. 北京:北京大学出版社,2011.

[2] 李勇,徐震. MATLAB 辅助现代工程数字信号处理[M]. 西安:西安电子科技大学出版社,2002.

[3] 徐明远,刘增力. MATLAB 仿真在信号处理中的应用[M]. 西安:西安电子科技大学出版社,2008.

第3章

Qt 基础知识及案例

3.1 Qt 编程工具

Qt 是一套与 MFC 不同的跨平台应用程序开发类库。Qt 支持 PC 和服务器平台,包括 Window、Linux、MacOS 等,还支持移动和嵌入式操作系统,如 iOS、Embedded Linux 等。跨平台意味着只需编写一次程序,在不同平台上无需改动或只需少许改动后再编译,就可以形成在不同平台上运行的版本,给应用者提供了极大的便利。

Qt 最早是由挪威 Haavard Nord 和 Eirik Chambe-Eng 在 1991 年开发的,在 1994 年发布,并成立了一家名为 Trolltech 公司,但在 2008 年被诺基亚公司收购。2012 年,Qt 被 Digia 公司收购,并在 2014 年成立了独立的 Qt 公司,专门进行 Qt 的开发、维护和推广。

目前,Qt 开发框架相比于其他开发产品,界面化程度更高,界面构建更直观、迅速、简洁,因此本书选用该软件进行雷达数据处理软件开发。Qt 作为一个跨平台开发框架非常完备,不仅提供了集成开发环境和跨平台开发工具,而且类库非常丰富,包含多种对象模型、集合类、图形用户界面编程和布局设计功能等,适合开发高性能、跨平台的人机交互程序。

经过 20 多年的发展,Qt 已经成为最优秀的跨平台开发框架之一,在各行各业的项目开发中得到了广泛应用。使用 Qt 编写应用程序,可以使应用程序具有跨平台的功能,也可以利用各种开源的类库资源。特别是在雷达类应用软件的开发过程中,越来越多的雷达研制单位开始使用 Qt 作为显控软件的开发工具,如中国电子科技集团公司第十四研究所、中国电子科技集团公司第三十八研究所、中国航天科工集团有限公司二院 23 所等。熟练掌握 Qt 的使用,对日后从事桌面应用软件开发大有裨益。

3.2 基础知识

3.2.1 坐标系与变换

在 Qt 绘制图形之前必须指定绘制的位置,该绘制的位置由一个绘制的坐标系来度量。绘制时使用的坐标系 x 轴正方向向右(在三点钟的方向),y 轴正方向向下(在六点钟方向),如图 3.1 所示。

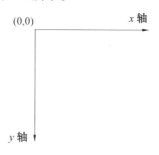

图 3.1　绘制坐标系

Qt 的绘制过程存在逻辑坐标系和物理坐标系两套坐标系,默认情况下,两者是一致的。逻辑坐标系的原点位于绘制设备的左上角,QPainter 使用逻辑坐标进行绘制,逻辑坐标系和绘制设备的坐标系的映射工作由 QPainter 的变换矩阵(transformation matrix)、视口(viewport)和窗口(window)的转换完成。Qt 中使用视口来表示设备坐标系下的矩形,使用窗口表示逻辑坐标系下的矩形。同样,默认情况下两者一样,都表示绘制设备的矩形。QPainter 在绘制的过程中,使用的是世界坐标系即逻辑坐标系。世界坐标系通过转换矩阵变换为窗口坐标系。Qt 提供方便的 API,可以轻松地实现坐标系的移动、缩放、旋转或者拉伸绘制。每种变换可以与其他变换组合起来,构成更加丰富的变换。图 3.2 所示为 QPainter 的坐标变换关系。

坐标系之间的转换关系如图 3.3 所示,世界坐标系通过转换矩阵变换为窗口坐标系;窗口坐标系通过窗口视口变换转换为设备坐标系,即物理坐标系,内部使用设备坐标系进行绘制。

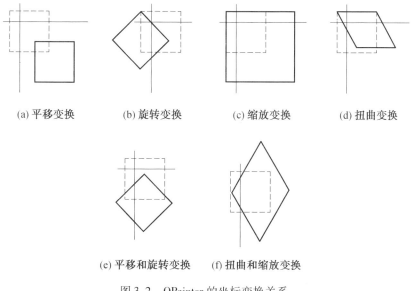

图 3.2 QPainter 的坐标变换关系

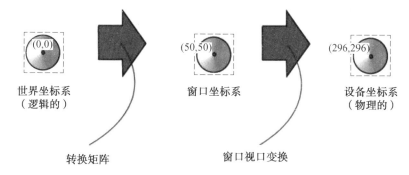

图 3.3 坐标系之间的转换关系

实际绘制的过程中,每一个绘制设备有自己的设备坐标系,每一个绘制设备既可以作为一个部件,又可以作为其他绘制设备上的一个小部件,这种设计便于快速地以部件为单位进行绘制。

在绘制矩形时,需要指定矩形左上角顶点的坐标及一个长度和宽度,便可以表述这个矩形。在显示器上绘制一个矩形和两个独立部件的示意图如图 3.4 所示。

绘制一个点只需要指定这个点的坐标便可以进行绘制;描述一条线段只需要给出这条线段的两个端点,将两个端点连接起来就可以得到一条线段;画一个封闭的图形通常需要指定绘制这个封闭图形的区域,即一个背景矩形,这个封闭的图像恰好内接于这个矩形。

QPainter 在 QPanterDevice 上通过调用各种 draw…( ) 成员函数绘制不同的

几何形状,包括点、线、矩形、椭圆、弧形和扇形等,QPainter 也可以绘制图像和文字。图 3.5 所示为 QPainter 的绘制效果图。QPainter 通过设置画笔来画几何图形的边缘及轮廓的线型、颜色、宽度和拐点风格等,通过使用画刷来填充几何图形的图案,通过设置字体来设置标注的字体风格。

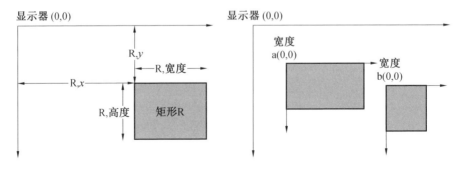

图 3.4　在显示器上绘制一个矩形和两个独立部件的示意图

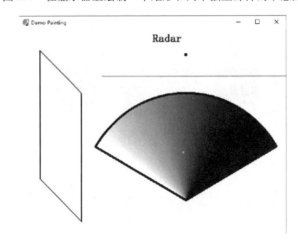

图 3.5　QPainter 的绘制效果图

3.2.2　常见控件

Qt 为应用程序界面开发提供了一系列的控件,本节介绍几种常用的控件,所有控件的使用方法都可以通过帮助文档获取。

1. QPushButton 按钮

QPushButton 按钮典型应用有确定(OK)、应用(Apply)、撤消(Cancel)、关闭(Close)、是(Yes)、否(No)和帮助(Help)等。

QPushButton 按钮是矩形的,并且通常显示一个文本标签来描述它的操作。标签中有下划线的字母(在它的前面用"&"标明)表明快捷键,比如:

QPushButton * pushbutton = new QPushButton("&Help", this);   //常用构造
QPushButton(QWidget * parent = 0)   //构造一个没有文本的推动按钮，
                                         参数为 parent
QPushButton(const QString & text, QWidget * parent = 0)
QPushButton(const QIcon & icon, const QString & text, QWidget * parent = 0)

2. QRadioButton 单选按钮

QRadioButton 窗口部件为单选按钮提供了一个文本标签，是一个能够切换开（选中）或者关（未选中）的选择按钮。通常单选按钮用于当前用户选择许多的一个选项。在同一时刻，单选按钮中只有一个按钮被选择；如果用户选择其他按钮，以前选择的按钮将要切换为关闭状态。

//常用构造

QRadioButton::QRadioButton(QWidget * parent = 0)

QRadioButton::QRadioButton(const QString & text, QWidget * parent = 0)

3. QCheckBox 复选按钮

QCheckBox 窗口部件提供了一个带文本标签的复选按钮，QCheckBox 和 QRadioButton 都是选项按钮，能够在开（选中）或者关（未选中）之间切换，QCheckBox 和 QRadioButton 的区别在于对用户选择的限制。单选按钮定义"多选一"的选择，而复选按钮定义"多选多"的选择。

无论复选按钮选中或者未选中，它都会发射一个信号 toggled()。在任何时刻，如果想改变复选按钮的状态，需要连接 toggled()信号触发这个行为，也可以利用 isChecked()函数来查询复选按钮是否被选中。

利用 checkState()函数可以查询当前的切换状态，文本可以通过构造函数或者 setText()来设置，图标可以通过 setIcon()来设置，例如：

//构造一个参数为 parent 的复选按钮，但该按钮不显示文本信息

QCheckBox::QCheckBox(QWidget * parent = 0)

QCheckBox::QCheckBox(const QString & text, QWidget * parent = 0)

//返回复选框的复选状态。也可以参考 setCheckState()函数和 Qt::CheckState

Qt::CheckState QCheckBox::checkState() const

//参数 state 用来设置复选框的复选状态

void QCheckBox::setCheckState(Qt::CheckState state)

//当复选框的状态改变时，发射 stateChanged()信号，即用来检查用户选中还是未选中

void QCheckBox::stateChanged(int state)［signal］

4. QSlider 滚动条

QSlider 窗口部件提供水平的滚动条和垂直的滚动条。

滚动条是一个典型的窗口部件,它能够控制数值的活动范围,能够在指定的范围内让用户沿水平或者垂直方向移动滚动条,并且能够将当前滚动条的位置返回为一个整数值。

QSlider 类本身实现了一些函数,大多数功能存放在 QAbstractSlider 类中。setValue() 函数是非常有用的函数,它能够直接设置滚动条的一些值。triggerAction() 函数能够模拟点击的效果(对快捷键非常有用)。如果想设置移动的步数,可以使用 setSingleStep()、setPageStep() 函数。需要自定义滚动条移动的范围时,可以使用 setMinimum() 和 setMaximum() 函数。QSlider 类提供了控制移动标记的方式,可以使用 setTickPosition() 函数来表明要移动的位置。当需要设置多个间隔时,setTickInterval() 函数能够实现。如果查询设置当前的移动位置和移动的间隔,tickPostition() 和 tickInterval() 函数能够很好的完成。

QSlider 类提供了以下信号:

valueChanged()   //当滚动条的值改变时,发射该信号

sliderPressed()   //当用户开始拖动滚动条时,发射该信号

sliderMoved()   //当用户开始移动滚动条时,发射该信号

sliderReleased()   //当用户释放滚动条时,发射该信号

5. QLabel 控件使用

QLabel 是最常用的控件之一,其功能很强大,可以用来显示文本、图片和动画等。

(1)显示文本(普通文本、html)。

通过 QLabel 类的 setText 函数设置显示的内容:

voidsetText(const QString &)

可以显示普通文本字符串:

QLable * label = new QLable;

label->setText("Hello, World!");

可以显示 html 格式的字符串,比如显示一个连接:

QLabel * label = new QLabel(this);

label->setText("Hello, World");

label->setText("<h1><a href=\"https://www.baidu.com\">百度一下</a></h1>");

label ->setOpenExternalLinks(true);

（2）显示图片。

可以使用 QLabel 的成员函数 setPixmap 设置图片：

void setPixmap(const QPixmap &)

首先定义 QPixmap 对象：

QPixmap pixmap;

然后加载图片：

pixmap.load(":/Image/plane.jpg");

最后将图片设置到 QLabel 中：

QLabel *label = new QLabel;

label.setPixmap(pixmap);

（3）显示动画。

可以使用 QLabel 的成员函数 setMovie 加载动画，可以播放.gif 格式的文件。

void setMovie(QMovie *movie)

首先定义 QMovie 对象，并初始化：

QMovie *movie = new QMovie(":/Mario.gif");

播放加载的动画：

movie->start();

将动画设置到 QLabel 中：

QLabel *label = new QLabel;

label->setMovie(movie);

6. QLineEdit

QLineEdit 是 Qt 提供的单行文本编辑框。

(1)设置/获取内容。

获取编辑框内容使用 text()：

QString text() const

设置编辑框内容：

void setText(const QString &)

（2）设置显示模式。

使用 QLineEdit 类的 setEchoMode() 函数设置文本的显示模式：

void setEchoMode(EchoMode mode)

EchoMode 是一个枚举类型，一共定义四种显示模式：

①QLineEdit::Normal，指模式显示方式，按照输入的内容显示。

②QLineEdit::NoEcho，指不显示任何内容，此模式下无法看到用户的输入。

③QLineEdit::Password，指密码模式，输入的字符会根据平台转换为特殊

字符。

④QLineEdit::PasswordEchoOnEdit,指编辑时显示字符,否则显示字符作为密码。

另外,在使用QLineEdit显示文本时,想要在左侧留出一段空白的区域,就可以使用QLineEdit提供的setTextMargins函数:

void setTextMargins(int left, int top, int right, int bottom)

用此函数可以指定显示的文本与输入框上下左右边界间隔的像素数。

7. 自定义控件

在搭建Qt窗口界面时,在一个项目中往往会有多个窗口,或者是窗口中的某个模块会被经常性的重复使用。一般遇到这种情况会将这个窗口或者模块做成一个独立的窗口类,以备以后重复使用。

在使用Qt的.ui文件搭建界面时,工具栏中只提供标准的窗口控件。此外,Qt具备自定义组件的能力。

【例3.1】 从QWidget派生出一个类SmallWidget,实现一个自定义窗口,如图3.6所示。

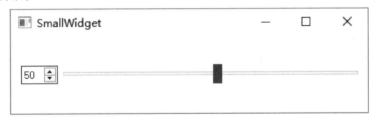

图3.6 自定义窗口

smallwidget.h   //头文件
class SmallWidget : public QWidget
{
    Q_OBJECT
public:
    explicit SmallWidget(QWidget * parent = 0);
signals:
public slots:
private:
    QSpinBox * spin;
    QSlider * slider;
};

smallwidget.cpp   //实现文件

```cpp
SmallWidget::SmallWidget(QWidget *parent):QWidget(parent)
{
    spin = new QSpinBox(this);
    slider = new QSlider(Qt::Horizontal,this);
    //创建布局对象
    QHBoxLayout *layout = new QHBoxLayout;
    //将控件添加到布局中
    layout->addWidget(spin);
    layout->addWidget(slider);
    //将布局设置到窗口中
    setLayout(layout);
    //添加消息响应
    connect(spin,
        static_cast<void(QSpinBox::*)(int)>(&QSpinBox::valueChanged),
        slider,&QSlider::setValue);
connect(slider,&QSlider::valueChanged,spin,&QSpinBox::setValue);
}
```

这个SmallWidget可以作为独立的窗口显示,也可以作为一个控件来使用。打开Qt的.ui文件,因为SmallWidget派生自QWidget类,所以需要在.ui文件中放入一个QWidget控件,然后单击鼠标右键,如图3.7所示,选择"提升为…"选项。

图3.7 控件提升

弹出"提升的窗口部件"对话框,如图3.8所示。

图 3.8　"提升的窗口部件"对话框

添加要"提升的类名称",然后选择"添加",如图 3.8 所示。

添加之后,类名会显示到上边的列表框中,然后单击"提升"按钮,完成操作。从图 3.9 中可以看到,这个窗口对应的类从原来的 QWidget 变成了 SmallWidget。再次运行程序,在 widget_3 中就能显示出自定义的窗口。

图 3.9　添加提升类

表 3.1 列出了常见控件的类型。

表 3.1　常见控件的类型

类型	控件名称
按钮	QPushButton：一般按钮 QCommandLinkButton：与命令按钮类似 QRadioButton：单选按钮 QCheckBox：复选按钮
键盘输入	QLineEdit：单行输入组件 QTextEdit：文本编辑控件 QPlainTextEdit：纯文本组件 QKeySequenceEdit：快捷方式采集
步长调节 （鼠标点击+ 键盘输入）	QDateTimeEdit：日期和时间输入框 QSpinBox：整数输入框 QDoubleSpinBox：浮点类型输入框 QComboBox：下拉组合框 QAbstractSlider：滑块 QDialog：对话框
展示控件	QLable QLCDNumber QProgressBar QDialog
容器控件	QToolBox QDialogButtonBox QGroupBox QMdiSubWindow
结构控件	QMainWindow QTabwidget QSplitter QSplitter QDockWidget
滚动控件	QTextBrowser QScrollArea QAbstractItemView QMdiarea QGraphicsView

3.2.3 信号槽机制

信号槽机制使对象间可以进行信息交流,通过信号的触发实现槽函数的立即执行。信号槽是 Qt 的核心特征,是与其他开发框架不同的最突出特点。在 GUI 编程中,当改变一个部件时,期望其他部件可以对其做出反应。大部分情况下,希望不同的对象之间能够进行通信。例如,用户单击"最大化按钮"操作时,希望执行窗口的最大化函数 showMaximized( )。Qt 中的信号槽实现了这个功能,可以将操作和响应相互绑定。一些工具包(例如 MFC 框架)使用回调机制来实现对象之间的通信。该方法将指针指向即将操作的函数,之后可以在进程运行时在正确的位置调用回调函数,但回调机制不能确定类型,也不能保证使用对的参数回调函数。而且回调机制是强耦合的,回调机制紧紧绑定图形用户的功能元素,很难把开发拆分成独立的模块。

Qt 的信号槽机制和回调机制的原理不同。信号会在某个具体事情发生时产生,每个信号都有与之相对应的操作事件。比如想要在窗口关闭时弹出警告框,窗口关闭会发出 close( )信号,因此只要写一个弹出警告框的槽函数,与该信号相关联,则可以成功实现这一功能。信号槽机制的操作是安全的,当类型有误时会发出警告,不会使系统产生崩溃的现象。信号槽的实现扩展了 C++的语法,同时也充分地利用了 C++面向对象的特征。信号槽的连接方式如图 3.10 所示,使用 Connect( )说明对象之间的连接关系。一个信号可以与多个槽函数连接,多个信号可以与单个槽函数连接,一个信号可以与另一信号连接。如果该信号与多个槽函数建立连接,则发出信号时,将以相应的顺序依次执行。

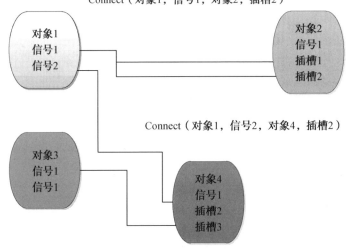

图 3.10 信号槽的连接方式

信号槽是 Qt 的一个核心特点,主要用于两个对象之间的通信。声明一个信号要用 signals 关键字。信号只用声明,不需要也不能对它进行定义实现。在使用过程中应该注意,只有 QObject 类及其子类、派生类才能使用信号槽机制。还必须在类声明的最开始处添加 Q_OBJECT 宏。

【例 3.2】 一个简单的信号处理子线程函数。

```
class SiganlProcessThread : public QThread
{
    Q_OBJECT
public:
    SiganlProcessThread();
    SiganlProcessThread(signalProcess * pWid);
    SignalProcess *pWidget;
    ...
private:
    int nWind;
    int NChirp;
    int Nfft;
    splab::Vector<complex<double>> DBFresultComplex;
    QVector <signalInf> pulseInfo;
    ...
protected:
    void run();
private slots:
    void getDotDataFromMain(signalInf);
signals:
    void emitLFMtimeWave( splab::Matrix<double> );
};
```

其中,emitLFMtimeWave(splab::Matrix<double>)为声明的一个发射信号,用来发射一个矩阵变量;getDotDataFromMain(signalInf)为一个槽函数,用来接收一个自定义的结构体 signalInf。

在需要调用 getDotDataFromMain 的对象构造函数中,添加如下代码。

Connect(this, SIGNAL(setDotDataTest(signalInf)), processThread, SLOT(getDotDataFromMain(signalInf)));

值得注意的是,信号槽的关联使用函数为 QObject 类的 Connect( )函数。第一个参数 this 为发射信号对象,第二个参数为发射的信号,第三个参数为接收信号对象,第四个参数为接收对象的槽函数。在构造函数中对信号与槽函数进行绑定之后,信号一旦发射,与其对应的槽函数就会运行,可以在槽函数中对接收到的信号进行相应的处理。

信号如果是自定义类型,需要在相应的构造函数中进行注册。例如,Matrix<double>为一个矩阵变量,则需要注册后才能在信号中进行使用,否则编译器会提示未注册,信号与槽则不能正常运作,注册方法如下:

qRegisterMetaType<splab::Matrix<double>>("splab::Matrix<double>");

3.2.4 绘图

1. QPainter

Qt的绘制系统由QPainter、QPainterDerive和QPaintEngine三个类支撑。QPainter用来执行绘图的操作,相当于对画笔的抽象;QPainterDevice是一个二维空间的抽象,包括QWidget、Qpixmap、Qpicture、QImage和QPrinter等具体的绘图设备,QPainterDevice作为QPainter的工作空间,允许QPainter在其上进行绘制;QPaintEngine是一个抽象类,提供抽象的接口,作为一个中间层,QPaintEngine使QPainter能够在不同的QPaintDevice上使用同一的接口进行绘制。Qt绘制系统的架构如图3.11所示。

图3.11 Qt绘制系统的架构

整个绘图过程可以概括为使用QPainter在各种QPainterDevice上进行绘制。QPaintEngine使用在QPainter和QPainterDevice的内部,帮助两者建立联系。只有在需要重新定义一种新的绘图设备时,才需要重新实现QPaintEngine。按照该绘制系统的层次结构,绘图工作应遵循相同的流程,这样容易在绘图时提供默认的实现,并且非常容易给支持的设备添加新的功能。

2. 视图场景

图形化视图框架包含视图、场景和图元三个组成部分。视图为用户定制的二维图元进行管理与交互提供一个平台,同时为图元的可视化提供视图窗口。场景为图元提供显示平台。图元是图形显示的单元,可以将基本图形如线、矩形、圆周等作为一个图元,也可以将多个基本图形组合成一个复杂图形作为一个图元。图形化视图框架采用事件传递机制,可以与场景中的图元进行双浮点精度的交互。图形化视图采用二元空间分割树(binary space partitioning,BSP)方式提供图元快速搜索,因此可以使包含高达上百万个图元的大场景实时可视化。

图形化视图提供一种基于图元的方式进行模型/视图编程。在设计中可以采用多个视图对同一个场景进行不同角度的观测。

场景类 QGraphicsScene 提供图形化视图框架的场景。场景具备的功能：①提供管理大量图元的快速接口；②传递事件到每个图元；③管理图元状态,包括选择状态和焦点状态；④提供不变形渲染功能。场景充当 QGraphicsItem 对象的容器,可以通过调用 addItem() 函数将图元添加至场景中。items() 及其重载函数可以获取鼠标选择范围内的图元。QGraphicsScene 的事件传递机制编排场景事件传递到相应图元,并管理图元之间的事件传递。若在场景某位置捕获到鼠标按下事件,场景将该事件传递给该位置的图元。

视图类 QGraphicsView 为场景中内容的可视化提供窗口,可以将多个视图关联到同一个场景,从而为同一个数据集提供多视角显示。视图为一个可滚动区域,在大场景导航时提供滚动条。为获取 OpenGL 支持,可以通过调用 QGraphicsView::setViewport() 将 QGLWidget 作为场景视图。视图捕获键盘输入、鼠标事件,并在该事件发送到场景前将其转换为场景事件。

图元类 QGraphicsItem 是场景中所有图元类的基类。图形化视图框架提供几类基本形状的标准图元类,如矩形图元类(QGraphicsRectItem)、椭圆图元类(QGraphicsEllipseItem)和文本图元类(QGraphicsTextItem)。若要有效利用 QGraphicsItem 图元类的特点,则用户需要定制图元以实现其功能特点。QGraphicsItem 具有的特征：①支持鼠标按下、移动、释放、双击事件及鼠标滑动、滚动和上下文菜单事件；②支持键盘输入焦点和按键事件；③支持拖放事件；④支持组合功能,包括图元父子关系或采用 QGraphicsItemGroup 类；⑤支持碰撞检测。

3.3 Qt 的对象模型

Qt 的元对象系统(meta-object system,MOS)为对象提供运行时的类型信息、动态的属性系统和对象间通信的信号槽机制,这些需要借助 MOC(meta-object compiler)的 Qt 工具实现。该工具是一个 C++ 预处理程序,一个代码生成器。MOC 工具读入一个名为 anyname.cpp 的 C++源文件,如果碰到声明中包含 Q_OBJECT 宏,它会产生另外一个名为 moc_anyname.cpp 的 C++源文件,这个 C++源文件包含这些类的元对象代码。C++ 的编译以源文件为单位进行,通过 #include 包含进原 C++源文件中,更加通常的做法是编译和连接进类的实现中。Qt 程序的构建过程如图 3.12 所示。

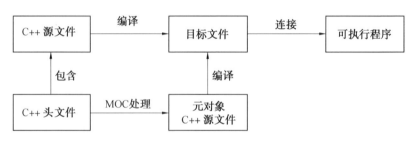

图 3.12 Qt 程序的构建过程

3.4 提高应用

3.4.1 基于 QWidget 的雷达 PPI 显设计

重新对 QWidget 进行封装为 MercatorMap 类，使用 QWidget 接口函数 paintEvent 实现平面位置指示器(plan position indicator，PPI)图形绘制。在界面设计中，将 QWidget 直接提升为 MercatorMap，可直接利用 MercatorMap 中提供的绘制接口函数。

3.4.2 设计实现

1. MercatorMap.h 头文件

(1)引用头文件。

#ifndef MERCATORMAP_H
#define MERCATORMAP_H
#include <QWidget>
#include <QFile>
#include <QDir>
#include <QTextStream>
#include <QPainter>
#include <QPaintEvent>
#include <QMouseEvent>
#include <omp.h>
#include <QDebug>
#include <QMessageBox>
#include <QSettings>

```
#define MeterPLonSec    23.6    //经度 1 s=23.6 m
#define MeterPLatSec    30.9    //纬度 1 s=30.9 m
#define DSCALEPLATESCOPE 500    //标尺范围,km
```
（2）加载地图定义的结构体。
```
struct PlaceName
    {
        QColor TextColor;    //字符颜色
        QPointF LonLatPos;   //经纬度
        QPoint xyPos;        //起始位置的直角坐标
        int length;          //字符串占用屏幕长度
        int count;           //字符串字符个数
        QString Text;        //字符串缓存区
    };
struct PolyLine
    {
        QColor FgColor;      //折线颜色
        QColor BgColor;      //封闭折线颜色
        int Style;           //折线类型
        int Width;           //线宽
        int PointCnt;        //拐点个数
        QPointF *llPoints;   //拐点经纬度
        QPoint *xyPoints;    //拐点平面位置
```

（3）私有变量。
```
private:
    double Radius;           //显示半径,km
    QPointF Location;        //中心点经纬度,当前屏幕的中心点
    double Locationhigh;     //中心点高度
    double FMinLon,FMaxLon,FMinLat,FMaxLat;    //地理坐标区域范围
    double FScaleX,FScaleY;  //横向、纵向比例
    double DistanScale;      //屏幕尺寸与距离比例
    QPointF ADSBPosition;    //接收机位置,即设置的中心点
    WGS84 LOCATION;          //三坐标格式的中心点
    bool MouseLeftDown;
    QPointF LeftDownPoint;
```

```
    bool move_P；     //判断是否为拖动
    bool allSelect=false；    //判断是否全选
(4)重要的接口函数。
public：
    bool LoadMap()；
    void paintEvent(QPaintEvent *event)；
    void resizeEvent(QResizeEvent *event)；
    void mousePressEvent(QMouseEvent *event)；
    void mouseReleaseEvent(QMouseEvent *event)；
    void mouseMoveEvent(QMouseEvent *event)；
    void wheelEvent(QWheelEvent *event)；
```

2. 接口函数实现

(1)加载地图 LoadMap()。

```
bool MercatorMap::LoadMap()
{
    QFile MapFile("Map1.dat")；
    if(! MapFile.open(QFile::ReadOnly | QFile::Text))
        return false；
    QTextStream TxtStream(&MapFile)；
    QString Str；
    while(! TxtStream.atEnd())
    {
        Str = TxtStream.readLine()；
        int Flag1 = Str.section(´´,0,0).trimmed().toInt()；
        int Flag2 = Str.section(´´,1,1).trimmed().toInt()；
        int Type = Str.section(´´,2,2).trimmed().toInt()；
        int Len = Str.section(´´,3,3).trimmed().toInt()；
        if(Flag1 == 255 && Flag2 == 255)
        {
            switch(Type)
            {
            case 1：
                {
                    PlaceName Name；
```

```cpp
        for (int i = 0; i < Len; i++)
        {
            Str = TxtStream.readLine();
            Name.TextColor = Str.section(´´,0,0).trimmed().toInt();
            Name.TextColor = QColor(200, 200, 200);
            Name.TextColor = QColor(175, 175, 175);
            Name.length = Str.section(´´,1,1).trimmed().toInt();
            Name.count = Str.section(´´,2,2).trimmed().toInt();
            Name.LonLatPos.setX(Str.section(´´,3,3).trimmed().toDouble());
            Name.LonLatPos.setY(Str.section(´´,4,4).trimmed().toDouble());
            Name.Text = Str.section(´´,5,5).trimmed();
            NameList.append(Name);
        }
        break;
    }
    case 2:
    {
        PolyLine Poly;
        for (int i = 0; i < Len; i++)
        {
            Str = TxtStream.readLine();
            Poly.FgColor = Str.section(´´,0,0).trimmed().toInt();
            Poly.BgColor = Str.section(´´,1,1).trimmed().toInt();
            Poly.FgColor = QColor(200, 200, 200);
            Poly.FgColor = QColor(175, 175, 175);
            Poly.Width = Str.section(´´,20,2).trimmed().toInt();
            Poly.Style = Str.section(´´,3,3).trimmed().toInt();
            Poly.PointCnt = Str.section(´´,4,4).trimmed().toInt();
            Poly.llPoints = (QPointF *)malloc(sizeof(QPointF) * Poly.PointCnt);
            Poly.xyPoints = (QPoint *)malloc(sizeof(QPoint) * Poly.PointCnt);
```

```cpp
                    for (int j = 0; j < Poly.PointCnt; j++)
                    {
                        Str = TxtStream.readLine();
                        Poly.llPoints[j].setX(Str.section(´´,0,0).
                            trimmed().toDouble());
                        Poly.llPoints[j].setY(Str.section(´´,1,1).
                            trimmed().toDouble());
                    }
                    PolyList.append(Poly);
                }
                break;
            }
            default:
            {
                break;
            }
        }
    }
    TxtStream.flush();
    MapFile.close();
    return true;
}
```

(2) paintEvent()。

```cpp
void MercatorMap::paintEvent(QPaintEvent *event)
{
    //地图绘制
    QPainter Paint(this);
    Paint.setRenderHint(QPainter::Antialiasing, true);   //绘画的渲染
    Paint.setRenderHint(QPainter::SmoothPixmapTransform);
    Paint.setBrush(QBrush(QColor(57, 58, 60), Qt::SolidPattern));
    Paint.drawRect(QRect(0,0,width(),height()));
    Paint.setBrush(Qt::NoBrush);
    Paint.setFont(QFont("Source Code Pro",9,QFont::Normal));
    if (NameList.length()>0)
```

```
        Paint.setPen(NameList[0].TextColor);
        #pragma omp parallel for
        for(int i = 0; i < NameList.length(); i++)
        {
            LonLatToXY(NameList[i].LonLatPos,NameList[i].xyPos);
            if(rect().contains(NameList[i].xyPos))
                Paint.drawText(NameList[i].xyPos,NameList[i].Text);
        }
    }
    Paint.drawText(20,20,QString::number(radius()));
    if(PolyList.length()>0)
    {
Paint.setPen(QPen(PolyList[0].FgColor,PolyList[0].Width,Qt::SolidLine,
Qt::RoundCap));
        Paint.setBrush(QBrush(PolyList[0].BgColor,Qt::SolidPattern));
        for(int i = 0; i < PolyList.length(); i++)
        {
            for(int j = 0; j < PolyList[i].PointCnt; j++)
            {
                LonLatToXY(PolyList[i].llPoints[j],PolyList[i].xyPoints
                [j]);
            }
            Paint.drawPolyline(PolyList[i].xyPoints,PolyList[i].PointCnt);
        }
    }
    //距离标尺绘制
    QPoint ADSBXY;
    LonLatToXY(ADSBPosition,ADSBXY);
    if(DisVisible > 0)
    {
        Paint.setPen(QPen(QColor(200,200,200),1,Qt::DashLine,Qt::
        RoundCap));
        Paint.setBrush(Qt::NoBrush);
        for(int i = 0; i < int(DSCALEPLATESCOPE / DisVisible); i++)
```

```cpp
            {
                double r = (i+1.0) * DisVisible / (DistanScale * 2);
                Paint.drawEllipse(QPointF(ADSBXY),r,r);
            }
        }
        //方位标尺绘制
        if(AglVisible > 0)
        {
            Paint.setPen(QPen(QColor(200,200,200),1,Qt::DashLine,Qt::RoundCap));
            Paint.setBrush(Qt::NoBrush);
            for(int i = 0; i < int(180/AglVisible); i++)
            {
                double a = (i+1) * AglVisible * M_PI/180.0;
                QPointF pt1 = QPointF(250.0/DistanScale * sin(a),250.0/DistanScale * cos(a));
                QPointF pt2 = QPointF(250.0/DistanScale * sin(a+M_PI),250.0/DistanScale * cos(a+M_PI));
                Paint.drawLine(pt1+ADSBXY,pt2+ADSBXY);
            }
        }
    }
}
```

(3) resizeEvent()。

```cpp
void MercatorMap::resizeEvent(QResizeEvent * event)    //调整大小时更新参数
{
    ResetParams();    //更新参数
}
```

(4) mousePressEvent()。

```cpp
void MercatorMap::mousePressEvent(QMouseEvent * event)
{
    if(event->button() == Qt::LeftButton)
    {
        //左键按下,将当前点的位置赋值给 Leftdownpoint
        XYToLonLat(event->pos(),LeftDownPoint);
```

```
            MouseLeftDown = true;
            move_P=false;
    }
    ResetParams();
}
void MercatorMap::XYToLonLat(QPoint SPt,QPointF &LPt)
{
    LPt.setX((SPt.x() * FScaleX / 3600.0) + FMinLon);
    LPt.setY(FMaxLat - (SPt.y() * FScaleY / 3600.0));
}
void MercatorMap::ResetParams()    //更新参数
{
    double RadiusLon,RadiusLat;
    if (width()>height())
    {
        RadiusLon = Radius;
        RadiusLat = height() * Radius / width();
        DistanScale = Radius / width();
    }
    else
    {
        RadiusLat = Radius;
        RadiusLon = width() * Radius / height();
        DistanScale = Radius / height();
    }
    FMinLon = Location.x() - RadiusLon * 1000 / MeterPLonSec / 3600;
    FMaxLon = Location.x() + RadiusLon * 1000 / MeterPLonSec / 3600;
    FMinLat = Location.y() - RadiusLat * 1000 / MeterPLatSec / 3600;
    FMaxLat = Location.y() + RadiusLat * 1000 / MeterPLatSec / 3600;
    FScaleX = (FMaxLon - FMinLon) * 3600 / width();
    FScaleY = (FMaxLat - FMinLat) * 3600 / height();
    update();
}
```

(5)mouseReleaseEvent()。

```
void MercatorMap::mouseReleaseEvent(QMouseEvent *event)
```

```cpp
    {
        if( event->button( ) = = Qt: :LeftButton)
        {
            XYToLonLat( event->pos( ),LeftDownPoint) ;    //释放时再刷新点
            MouseLeftDown = false;
        }
        if( ! allSelect)
        {
            if( move_P = = false)   //确定是普通的点击,不是拖动
            {
                bool one = false;
                FlightDataMap: :iterator iter;
                for (iter = FlightData->begin( ); iter ! = FlightData->end( );)
                {
                    TFlight  * flight = iter. value( );
                    QRect rect = flight->textRect( );
                    if( rect. contains( event->pos( ) ) )
                    {
                        if( ! one)
                        {
                            flight->setSelect_T( true) ;
                            emit selectChanged( flight->id( ) ) ;
                            one = true;
                        }
                        else
                        {
                            flight->setSelect_T( false) ;
                        }
                    }
                    else
                        flight->setSelect_T( false) ;
                    iter++;
                }
                repaint( ) ;
            }
```

}
　　ResetParams();
}
(6) mouseMoveEvent()。
void MercatorMap::mouseMoveEvent(QMouseEvent *event)
{
　　QPoint XYPt = event->pos();　　//当前鼠标位置
　　QPointF LLPt;
　　XYToLonLat(XYPt,LLPt);
　　if(MouseLeftDown)
　　{
　　　　move_P=true;
　　　　QPointF Loc = location();
setLocation(QPointF(Loc.x()-LLPt.x()+LeftDownPoint.x(),Loc.y()-LLPt.y()+LeftDownPoint.y()));
　　}
　　else
　　{
　　　　emit mousePos(LLPt);　　//如果移动时没有按下左键,发送mousepos信号
　　}
　　ResetParams();
}
(7) wheelEvent()。
void MercatorMap::wheelEvent(QWheelEvent *event)　　//滚轮事件,实现缩放地图
{
　　QPoint XYPt = event->pos();　　//当前点
　　QPointF BeforeLLPt;
　　XYToLonLat(XYPt,BeforeLLPt);
　　double R;
　　if(event->delta()<0)　　//滚轮实现缩放
　　　　R = radius() * 1.1;
　　else
　　　　R = radius() * 0.9;

```
        setRadius(R);    //设置半径
        QPointF AfterLLPt;
        XYToLonLat(XYPt,AfterLLPt);    //设置之后的点
        QPointF Loc = location();
setLocation(QPointF(Loc.x()-AfterLLPt.x()+BeforeLLPt.x(),Loc.y()-
    AfterLLPt.y()+BeforeLLPt.y()));
        ResetParams();
}
```

3.4.3 设计效果

设计的雷达 PPI 显如图 3.13 所示,主要由距离距离标尺和方位标尺组成,背景加载地图信息,实现地图漫游、随滚轮放大缩小,左下角实时显示鼠标经纬度,满足一般目标位置信息的显示。

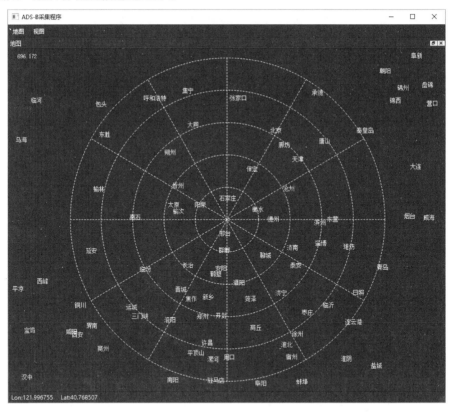

图 3.13 雷达 PPI 显

3.5 本章小结

本章主要介绍 Qt 的基础知识,包括坐标系与转换、常见控件的使用、雷达信号槽机制及绘图方法。最后,本章给出了一个 Qt 应用实例,基于 Qwidget 开发了雷达 PPI 显作为提高应用,Qt 已成为开发桌面应用软件的首选开发工具,熟练掌握其应用技术,有助于熟练开发桌面应用软件。

本章参考文献

[1] 霍亚飞. Qt Creator 快速入门[M]. 2 版. 北京:北京航空航天大学出版社,2014.

[2] 张波. Qt 中的 C++技术[M]. 北京:电子工业出版社,2012.

第 4 章

典型相控阵雷达数据处理基础

4.1 相控阵雷达概述

相控阵即相位控制阵列的简称。顾名思义,天线是由许多辐射单元排列组成的阵列,各单元的馈电相位是可以灵活控制的。通过改变各单元间的相对馈电相位,从而改变天线阵面上电磁波的场分布,使雷达天线波束在空间按一定规则扫描。与传统的机械扫描雷达相比,相控阵雷达波束具有快速捷变能力,这使它能够同时完成搜索和多目标跟踪等多种功能,具有极大的灵活性和自适应能力。

防空预警雷达作为相控阵雷达的代表,主要对敌方空中及邻近空间目标进行监视与检测,掌握敌方目标情报,并给出预警信息。20 世纪 30 年代末,英国最早开始用雷达组建防空雷达预警网以应对空袭,随着军事科技的进步,防空预警雷达的探测能力不断提高,无论探测距离还是探测精度都得到极大提升。20 世纪 60 年代出现了电扫雷达、脉冲压缩雷达新体制的防空预警雷达。到了 20 世纪 80 年代,欧美等国对防空预警雷达技术进行大规模的发展和升级,使雷达的性能、鲁棒性及对抗能力得到极大提升,其中防控预警相控阵雷达在反导领域应用广泛。

相控阵雷达可以同时承担空域搜索、目标检测、目标跟踪等多种任务,一部防空预警相控阵雷达可以同时完成远程搜索雷达、目标截获雷达、火控雷达等多部雷达的任务,相较于普通雷达功能更全面,性能更优。不同于机械扫描雷达,相控阵雷达通过改变各个阵元间的相位差来实现波束指向的变换,即电扫描,在给定方位和俯仰空域范围内同时执行多种任务。依靠波束捷变快,包括波束指向快速捷变和波束形状快速捷变等优势,相控阵雷达有效消除了机械扫描雷达存在的惯性影响,具有模式灵活多样、数据率高、响应时间短、精度高、波束可以全空域自适应分配的特点。基于多功能性和灵活性的优点,防空预警相控阵雷达解决了多部雷达协同工作时存在的成本高昂、信息交互时间长、电磁兼容困难等问题。因此,相控阵雷达在军事领域得到了世界各国的广泛应用。

SPY-1雷达作为典型的S波段相控阵雷达,是美国洛克希德·马丁公司研制的S波段舰载四面阵电扫阵列雷达。1973年,SPY-1雷达首次安装在美国军舰"Norton Sound"上,如图4.1所示,SPY-1A雷达被安装在CG-58巡洋舰上。1986年,改进型SPY-1B雷达首次被安装在"Princeton"巡洋舰上。升级后的SPY-1B(V)雷达被安装在从CG-59普林斯顿号巡洋舰到最新的CG-73巡洋舰上。SPY-1B(V)雷达是SPY-1B雷达在1997年增加动目标显示(moving target indicator,MTI)功能后的早期型号。1991年,将所有天线放到了"Arleigh Burke"巡洋舰的一个甲板室里,成为SPY-1D雷达,它是SPY-1B雷达为了适应UKY-43计算机的一个变型。

图4.1 安装SPY-1雷达的军舰

海岸作战雷达SPY-1D(V)是1998年为了适应濒海作战的强杂波环境,使用了新的跟踪起始处理器后的升级型号,它使用了编码波形,而且信号处理得到了升级。

上述SPY-1雷达所有派生产品中,SPY-1D(V)雷达是装备量最大、使用最广泛的型号,SPY-1D(V)雷达是整个"宙斯盾"武器系统的核心,是最早安装在舰艇上的多功能相控阵雷达,工作在 S 波段,由四个面阵环视方位 360°,搜索距离达 460 km。它的主要任务是:①完成全空域搜索、自动目标探测、多目标跟踪;②为指挥决策系统提供探测到的目标数据;③为武器控制系统提供目标和拦截导弹的跟踪数据,在武器控制系统下为导弹提供中段制导指令,并给末级照射雷达输送指向数据。SPY-1D(V)雷达主要系统参数见表 4.1。

表 4.1　SPY-1D(V)雷达主要系统参数

项目	参数
功能	舰载防空反导
体制形式	无源相控阵二维相扫三坐标
工作频段	S 波段(3.1~3.5 GHz)
天线	规模:每个八边形阵为一个面阵,单个天线口径为 3.7 m×3.7 m,每个阵面单元数为 4 350 个 波束宽度:俯仰、方位均为 1.7° 天线增益:42 dB 扫描方式:二维相扫 覆盖范围:每面方位 110°,总共 360°,俯仰为 0~90°
发射机	峰值功率:4~6 MW 平均功率:58 kW
带宽	40 MHz(瞬时),10 MHz(持续相干)
脉宽	6.3 μs,12.7 μs,25.4 μs,50.8 μs
作用距离	463 km(RCS=1 m²)

4.2　边扫描边跟踪雷达

雷达是一种远距离探测传感器,它具有十分重要的军事意义和民用价值。雷达系统用传感器测量目标的距离、方位角、仰角和目标的运动速度,并通过这些参数来预测它们的未来值。目标跟踪及预测是雷达必须具备的一项功能,这需要精确估算目标运动参数,目的是使雷达在任何交战状态下都能稳定的锁住目标,能在复杂的环境背景下,从大量杂波及固定目标中将运动目标检测出来,进行航迹相关、平滑和盲推,从而对目标进行可靠跟踪。

雷达数据处理是指雷达在取得目标的位置、运动参数(如径向距离、径向速度、方位角和仰角等)之后进行的互联、跟踪、滤波、平滑和预测等运算,这些运算能够有效抑制测量过程中的随机误差,更精确的得到目标的运动状态及下一时刻可能出现的位置。随着时代的发展,亟需新的技术解决复杂环境下的目标跟踪问题,边扫描边跟踪(track while scan,TWS)技术是其中之一。TWS 是一种能够在连续跟踪目标的同时进行空间搜索的雷达,它在传统搜索雷达的基础上利用计算机的帮助,实现目标的快速跟踪。TWS 技术是利用计算机二次处理雷达信息,进行滤波盲推、相关处理和航迹管理,实时确定发现各个目标的运动状态及其变化规律,并将各种信息通过显示器等设备提供给指挥员,并作为决策的依据,现代计算机的协助提高了雷达跟踪系统的快速反应能力。

TWS 雷达是人们最早熟悉的一种利用等速旋转的天线机械扫描,实现波束搜索和跟踪目标的雷达。每当天线旋转 360°,就对空域扫描一次,对目标也进行一次位置的搜索,因此此时的雷达数据率是由天线转动速率决定的。与机扫不同的是,TWS 雷达也可在方位向和俯仰向同时进行电扫,空域相对较小一些,但数据率比机扫高。每当 TWS 雷达探测到一个新目标时,它会为这次跟踪创建一个单独的跟踪文件,可以确保从目标而来的接续的探测都能够一起处理,以评估目标的未来参数,位置、速度和加速度构成跟踪文件的主要部分。

TWS 雷达系统数据处理一般由航迹起始、航迹关联及滤波和航迹终止等模块组成。根据接收到的量测点可产生三组类型的航迹文件:确认航迹、实验航迹和固定航迹。确认航迹是满足系统相关准则的可靠航迹;实验航迹是指在航迹起始阶段,由于杂波点的存在和不能满足系统关联准则的航迹;固定航迹是全部由杂波构成的航迹。对于强杂波环境下的目标来说,实验航迹是十分必要的,由实验航迹后几批目标的相关程度确定是否形成确认航迹。TWS 雷达系统数据处理的简化框图如图 4.2 所示。

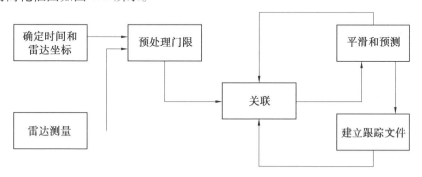

图 4.2　TWS 雷达系统数据处理的简化框图

航迹处理主要任务是根据点迹处理结果,进行点/航迹关联、滤波处理;对目标进行起批、转跟踪和跟踪维持处理,完成目标的快速截获、自动跟踪,对分离的群目标自动起批并维持跟踪,形成跟踪航迹报文,自动发送给显控台和其他分系统。同时,将回波处理结果发送给资源调度软件,资源调度软件综合所有调度信息,进行能量调度,控制雷达完成目标闭环搜索跟踪。

当测量元素包括径向速度时,采用距离速度联合跟踪方式,将速度分量引入航迹处理流程,增加速度相关性判断,提高相关的准确性。图 4.3 所示为航迹处理流程,图中 R 为距离;A 为方位;E 为俯仰角;V 为速度。

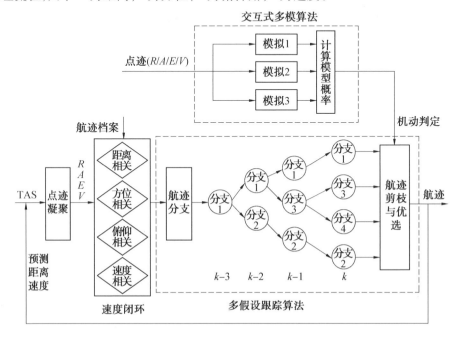

图 4.3 航迹处理流程

4.3 航迹起始

航迹起始是指目标以点迹形式被检测到,直到目标航迹被确定的过程,是雷达目标跟踪中至关重要的问题。通常在航迹起始阶段,遇到多目标密集情况时,航迹起始是目标跟踪第一个需要解决的关键问题。如何在多目标环境下保证目标的快速起始,同时有效抑制虚假不稳定目标是目标跟踪较为棘手的问题。

航迹起始方法应该在快速起始航迹的能力与产生假航迹之间取一个最佳的折衷。航迹起始算法可分为序贯的处理技术和批处理技术两大类,前者适用于稀疏杂波环境下的航迹起始,后者则对于强杂波环境的目标起始具有较好的效果,但以较大的计算负担为代价换取性能提升。航迹起始主要有直观法、逻辑法、Hough 变化法和 Bayes 航迹起始算法。

4.3.1 直观法

所有航迹起始算法里计算量最小的是直观法,它是根据物体的运动规律提出的。对于同一个物体而言,其运动速度介于最大速度和最小速度之间,不同类型的物体有不同的最大速度和最小速度,同理可推断物体的加速度也符合此条规律。

假设 $r_i(1,2,\cdots,N)$ 是目标的量测值,如果 N 个周期中有 M 个周期的量测值符合下面两条规则,那么直观法就认为一条航迹起始成功。

(1) 目标的运动速度大于最小值 $V_{\min}$ 而小于最大值 $V_{\max}$。

$$V_{\min} \leqslant |r_i - r_{i-1}/t_i - t_{i-1}| \leqslant V_{\max} \tag{4.1}$$

式中,r_i 表示目标的径向距离;t_i 表示目标第 i 时刻的时间。

式(4.1)在平面中可以形成圆环波门,根据实际情况,目标的运动是具有一定角度的扇形环,在空间中,由于速度限制在雷达数据处理中形成空心球波门。由于速度约束波门的范围较大,在杂波环境下,波门内有较多的杂波,会降低数据关联的正确率,因此速度限制波门主要用在第一次扫描的量测和后续的量测。

(2) 目标加速度的绝对值小于最大加速度 $a_{\max}$。

如果在波门内有多个量测点,则根据最近邻的思想,选取加速度最小的量测值作为目标真实量测值。加速度形成的波门可以用来约束三次之后的航迹数据关联。加速度数学约束表达式为

$$\left| \frac{r_{i+1}-r_i}{t_{i+1}-t_i} - \frac{r_i-r_{i-1}}{t_i-t_{i-1}} \right| \leqslant a_{\max}(t_{i+1}-t_i) \tag{4.2}$$

为了减少波门内的杂波点,增加航迹起始的正确率,可以对波门的方向进行限制。若 φ 为 $r_{i+1}-r_i$ 和 r_i-r_{i-1} 之间的夹角,即

$$\varphi = \arccos \theta \left[\frac{(r_{i+1}-r_i)(r_i-r_{i-1})}{|r_{i+1}-r_i||r_i-r_{i-1}|} \right] \tag{4.3}$$

角度限制规则可简单地表达为 $|\varphi| \leqslant \varphi_0$,式中 $0 \leqslant \varphi_0 \leqslant \pi$。当 $\varphi_0 = \pi$ 时是波门为圆形或环形的情况。φ_0 的选取受多种因素的影响,主要是量测噪声和目标的运动状态。

在工程中为了保证航迹起始的成功率,φ_0 尽量取值偏大。直观法中对目标的限制规则较少,容易出现误跟的情况。在安静环境和缺少先验知识的情况下,也可以使用直观法。

4.3.2 逻辑法

逻辑法是一种航迹起始方法,也可以应用在整个航迹处理过程中。逻辑法和直观法有相似的部分,都是在 N 个扫描周期中正确检测到量测的次数大于等

于一定数目,则航迹起始成功,若时间窗内满足检测门限的数目不够时,则将时间窗后移。两者的不同之处在于波门,直观法用速度和加速度作为航迹起始时的波门限制;逻辑法通过预测目标点下一时刻的位置和设置相关波门来判断航迹是否存在。逻辑法的具体算法如下。

设 $z_i^l(k)$ 是 k 时刻量测点 i 的第 l 个分量($l=1,2,\cdots,p;i=1,2,\cdots,m$),则可将量测点 $Z_i(k)$ 与 $Z_j(k+1)$($j=1,2,\cdots,n$)间的矢量距离 d_{ij} 的第 l 个分量定义为

$$d_{ij}^l(t) = \max[0, z_j^l(k+1) - z_i^l(k) - v_{\max}^l t] + \max[0, -z_j^l(k+1) + z_i^l(k) + v_{\max}^l t] \quad (4.4)$$

式中,t 为两次扫描的间隔时间。

通常认为观测误差为零均值的高斯白噪声,协方差为 $R_i(k)$,则归一化距离平方为

$$D_{ij} = d_{ij}' [R_i(k) - R_j(k+1)]^{-1} d_{ij} \quad (4.5)$$

式中,D_{ij} 是随机变量,服从 χ^2 分布,自由度为 p。通过 χ^2 分布的概率表可以得到 γ,若 $D_{ij}(k) \leq \gamma$,则可以判定 $Z_j(k+1)$ 是 $Z_i(k)$ 下一时刻的量测点。

(1)将第一次扫描的量测点作为可能航迹,用直观法形成初始相关波门,确定第二次扫描时落入相关波门的量测点。

(2)后续航迹的预测点通过对航迹进行直线盲推获得,其相关波门由航迹盲推误差协方差确定。第三次扫描中,对于相关波门内的点,采用最近邻的方法进行数据关联。

(3)若相关波门没有量测点,有两种处理方式,将该建立的可能航迹撤销,即航迹起始不成功;用速度或者加速度方法设置波门,观察第三次扫描中有没有量测点落入波门中。

(4)持续进行步骤(1)、(2)、(3),直到航迹建立成功。

(5)在每次扫描中,落入相关波门中但并未被关联的点迹与未落入波门的点迹作为新的航迹头,转步骤(1)。

逻辑法航迹起始中,如何算是航迹起始成功?这要考虑航迹起始的复杂度和性能两个方面。航迹起始成功与目标和杂波分布的密集程度、雷达自身性能、干扰噪声均有关系。一般采用的是 M/N 逻辑法,即在 N 个周期中有至少 M 个周期检测到真实量测点,即认为航迹已经建立。为了获得较高的性能和较低的复杂度,工程上一般采用下面两种取值。

①2/3,当需要较快的建立航迹时,可以采用此值。

②3/4,一般情况下建立航迹时采用的值。

4.3.3 Hough 变换法

Hough 变换法最早应用于图像处理中,是检测图像空间中图像特征的一种基本方法,主要适合检测图像空间中的直线。将雷达经过多次扫描得到的数据看

第4章 典型相控阵雷达数据处理基础

作一幅图像,就可以使用 Hough 变换法检测目标的轨迹。Hough 变换法已被广泛应用于雷达数据处理中,并已成为多传感器航迹起始和检测低可观测目标的重要方法。1994 年,Carlson 等将 Hough 变换法应用到搜索雷达中检测直线运动或近似直线运动的低可观测目标。可以将 Hough 变换法应用于航迹起始中,但由于 Hough 变换法起始航迹较慢,为了能快速起始航迹,JIChen 等又提出了修正的 Hough 变换法。

Hough 变换法将直角坐标系中的点 (x,y) 映射到以参数为坐标的坐标系中,以 (ρ,θ) 表示,映射关系为

$$\rho = x\cos\theta + y\sin\theta \tag{4.6}$$

式中,$\theta \in [0, 180°]$。

对于一条直线上的点 (x_i, y_i),必须有两个唯一的参数 ρ_0 和 θ_0 满足:

$$\rho_0 = x_i \cos\theta_0 + y_i \sin\theta_0 \tag{4.7}$$

为了能在接收的雷达数据中将目标检测出来,需将 $\rho-\theta$ 平面离散地分成若干个小方块,通过检测直方图中的峰值来判断公共的交点。直方图中每个方格的中心点为

$$\theta_n = \left(n - \frac{1}{2}\right)\Delta\theta \quad (n = 1, 2, \cdots N_\theta) \tag{4.8}$$

$$\rho_n = \left(n - \frac{1}{2}\right)\Delta\rho \quad (n = 1, 2, \cdots N_\rho) \tag{4.9}$$

式中,$\Delta\theta = \pi/N_\theta$,$N_\theta$ 为参数 θ 的分割段数;$\Delta\rho = \pi/N_\rho$,N_ρ 为参数 ρ 的分割段数。

当 $X-Y$ 平面上存在连成直线的若干点时,这些点会聚集在 $\rho-\theta$ 平面相应的方格内。经过多次扫描之后,对于直线运动的目标,在某一个特定单元中的点数量会得到积累。直方图中的峰值暗示可能的航迹,但有一些峰值不是由目标的航迹产生的,而是由杂波产生的。

数据空间的定义形式有很多种,如斜距 R 与扫描时间 T 构成的 $R-T$ 二维平面可以看作数据图像平面,也可以根据斜距 R 和方位角,求出目标的坐标位置 (x,y),将 $X-Y$ 二维平面作为数据图像平面,$R-T$ 二维平面的特点是静止或慢速,目标呈现为垂直于 R 轴的一条直线。对于速度无穷大的目标在数据图像空间中,目标的轨迹斜率近似为零,但对于具有加速度运动的目标,目标的轨迹则是一条曲线。$X-Y$ 二维平面的特点是:对于具有加速度运动的目标轨迹仍然是一条直线,对于静止的目标则是一个固定点,因此可以跟据实际的需要选择数据空间的定义形式。

Carlson 等提出了一种使用简单的多维矩阵将笛卡尔坐标系中的点转换到参数空间中曲线的方法。首先定义一个数据矩阵 $\boldsymbol{D}$,它对应笛卡尔坐标系中的数量,即

$$D = \begin{bmatrix} x_1 & \cdots & x_L \\ y_1 & \cdots & y_L \end{bmatrix} \quad (4.10)$$

转换矩阵 H 的定义为

$$H = \begin{bmatrix} \cos\theta_1 & \sin\theta_1 \\ \vdots & \vdots \\ \cos\theta_N & \sin\theta_N \end{bmatrix} \quad (4.11)$$

式中,$\theta \in [0, 180°]$。此时 N 的取值为 $N = \pi/\Delta\theta$,$\Delta\theta$ 为参数空间中 θ 的间隔尺寸。

转化换后的参数空间中的点可以表示为

$$R = H * D = \begin{bmatrix} \rho_1, \theta_1 & \cdots & \rho_L, \theta_1 \\ \vdots & & \vdots \\ \rho_1, \theta_N & \cdots & \rho_L, \theta_N \end{bmatrix} \quad (4.12)$$

Hough 变换法适用于起始杂波环境下直线运动目标的航迹。Hough 变换法起始航迹的质量取决于航迹起始的时间和参数 $\Delta\theta$、$\Delta\rho$ 两个方面。航迹起始的时间越长,起始航迹的质量越高;参数 $\Delta\theta$、$\Delta\rho$ 选取越小,起始航迹的质量越高,但容易造成漏警。参数 $\Delta\theta$、$\Delta\rho$ 的选取应根据实际雷达的测量误差而定,若测量误差较大,则参数 $\Delta\theta$、$\Delta\rho$ 应选取较大值,不至于产生漏警。Hough 变换法很难起始机动目标的航迹,这是由 Hough 变换法的特点所决定的。若要获取机动目标的航迹,则可以利用推广 Hough 变换法起始目标航迹,但由于推广的 Hough 变换法具有计算量大的缺点,在实际中很难得到应用。

4.3.4 Bayes 航迹起始算法

航迹起始采用 Bayes 航迹起始算法。首先给出航迹似然比(likelihood ratio, LR)的计算方法:

$$LR_k = \Delta LR_k \cdot LR_{k-1} \quad (4.13)$$

式中,LR_{k-1}、LR_k 分别为航迹 $k-1$、k 时的似然比;ΔLR_k 为 k 时的似然比增量。

$$\Delta LR_k = \begin{cases} \dfrac{P_D N(v_k; 0, S_k)}{P_{FA} p_{FA}(z_k)} & \text{(航迹关联上回波)} \\ \dfrac{1 - P_D}{1 - P_{FA}} & \text{(航迹未关联上回波)} \end{cases} \quad (4.14)$$

式中,P_D 为检测概率;P_{FA} 为虚警概率;p_{FA} 为杂波的概率密度函数(一般假设为均匀分布或泊松(Possion)分布);v_k 为新息;S_k 为新息协方差;N 为高斯分布;z_k 为 k 的观测值。

当航迹被建立时,LR 可初始化为

$$LR_1 = \dfrac{\lambda_{NT}}{\lambda_{FA}} \quad (4.15)$$

式中,λ_{NT}为平均空间密度;λ_{FA}为杂波的平均空间密度。

在实际应用中,一般用对数似然比(log likelihood ratio,LLR)来表示航迹得分(track score):

$$LLR_k = \ln(LR_k) \qquad (4.16)$$

因此,航迹得分递归计算方式为

$$LLR_k = LLR_{k-1} + \ln \Delta LR_k \qquad (4.17)$$

航迹概率可以定义为

$$P_T = \frac{e^{LLR}}{1+e^{LLR}} \qquad (4.18)$$

航迹起始算法通常采用 N/M 准则,即在 M 次扫描中,有 N 次关联成功,则进行航迹起始。对导弹类目标在搜索发现后,往往进行三次确认照射,如果二次关联成功则进行航迹起始。对于密集群目标,采用该种方法往往起始航迹过多(特别是在确认波束内有多个目标的情况),因此采用 N/M 准则加贝叶斯航迹概率的起始算法,该种方法可以有效抑制虚假航迹的起始。当起始航迹既满足 N/M 准则,同时其航迹概率满足 $P_T>0.6$(门限阀值),则航迹起始成功,临时航迹转为稳定跟踪航迹。

采用一组雷达实测数据进行验证分析,同等条件下对比逻辑法和航迹概率法的算法性能。图4.4中箭头指向的是真实目标的测量点迹,使用一般的逻辑法,前两点并未形成航迹。在使用Bayes航迹起始算法后,在得到第二个测量点时,目标的航迹概率都大于设定门限,因此都成功起始航迹。其中蓝色圈代表孤立点迹,红色星代表临时航迹,绿色圈代表确认航迹。

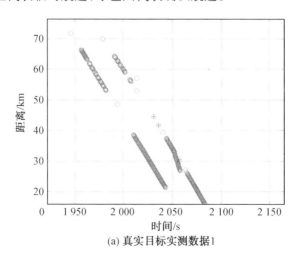

(a) 真实目标实测数据1

图4.4 真实目标实测数据的仿真分析(彩图见附录2)

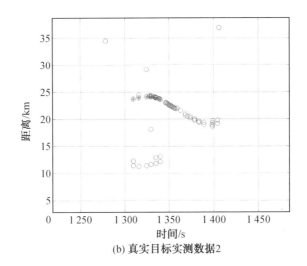

(b) 真实目标实测数据2

续图 4.4

图 4.5 所示为虚警的实测数据的仿真分析。图中箭头指向的是虚警的测量点迹,使用一般的逻辑法,前两点被误判形成虚假航迹。使用 Bayes 航迹起始算法后,在得到第二个测量点的时刻,目标的航迹概率都远小于设定门限,因此航迹未起始成功。

由于 Bayes 航迹起始算法建立在概率密度函数似然比基础上,综合考虑目标与虚警的检测概率、新息概率密度、杂波概率密度,能够准确反映航迹的质量,保证目标正确起始同时大幅抑制虚假航迹(虚假航迹抑制率提高 20% 以上)。

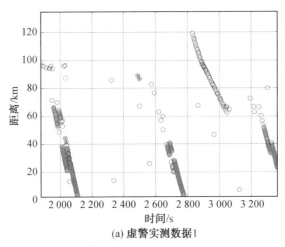

(a) 虚警实测数据1

图 4.5 虚警的实测数据的仿真分析(彩图见附录 2)

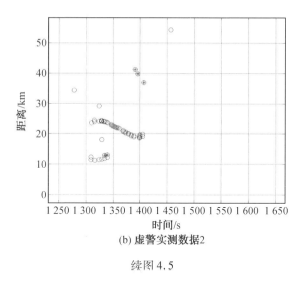

(b) 虚警实测数据2

续图 4.5

4.4 航迹关联

当某条航迹的测量预测值在有效波门内出现多个测量值,就存在关联不确定性,需要确定哪个测量值源于目标,并用它来更新航迹,这就是点迹与航迹的关联问题,简称为数据关联问题,又称同一性识别。

4.4.1 最近邻域法

最近邻域(nearest neighbor,NN)法首先设置相关波门,认为目标的真实量测点会落入相关波门,在相关波门的量测点中寻找目标真实点,这样可以减少计算量。在真实量测点能够落入相关波门的前提下,相关波门应设置得尽量小,落入相关波门的量测值 $z(k+1)$ 应该符合:

$$[z(k+1)-\hat{z}(k+1|k)]'S^{-1}(k+1)[z(k+1)-\hat{z}(k+1|k)] \leqslant \gamma \quad (4.19)$$

若只有一个量测点落入目标航迹的相关波门,则将该量测点作为目标的真实量测点;若相关波门有多于一个的量测点,则此时取距离预测点最近的量测点作为真实量测点。在最近领域法中,使新息加权 $d^2(z)$ 值最小的量测,被认为是目标航迹的真实量测点,$d^2(z)$ 的值可表示如下:

$$d^2(z) = [z-\hat{z}(k+1|k)]S^{-1}(k+1)[z-\hat{z}(k+1|k)] \quad (4.20)$$

最近邻域法的优点是计算量小,缺点是最近邻点未必是目标的真实回波点,特别是在强杂波环境、目标低速运动及多目标交叉运动时,航迹跟踪容易出现误跟和漏跟的情况。虽然最近邻域法效果不是非常好,但其算法复杂度低、运算量小,因此邻域法在工程中仍占有很大比重。

4.4.2 概率最近邻域法

概率最近邻域法(probability nearest neighbor filter,PNNF)将概率论的思想运用在最近邻关联算法中,也是将最近邻量测点认为是目标的真实量测点,但该算法考虑最近邻量测点有可能源于杂波,同时考虑波门内没有量测点的可能,并据此对状态误差协方差进行了调整。存在以下三种情况:①没有量测点落入波门(M_0);②相关波门中的最近邻量测点源于目标(M_T);③最近邻量测点源于虚警(M_F)。算法如下。

(1) M_0 事件发生时,表示以 $\sqrt{\gamma}$ 为大小的相关波门内没有量测点,$k-1$ 时刻的目标量测点就用下一个时刻的预测值代替:

$$\hat{X}(k|k) = \hat{X}(k|k-1) \tag{4.21}$$

$$P(k|k) = P(k|k-1)_{M_0} = P(k|k-1) + \frac{P_D P_G (1-C_{\tau g})}{1-P_D P_G} K(k) S(k) K(k) \tag{4.22}$$

式中,P_D 为目标检测概率;P_G 为门概率;$C_{\tau g} = \dfrac{\int_0^r q^{\frac{m}{2}} e^{-q} dq}{n \int_0^r q^{\frac{m}{2}-1} e^{-q} dq}$,$m$ 为量测向量维数,当 $m=2$ 时,$C_{\tau g} = \left[1-e^{-\frac{\gamma}{2}}\left(1+\frac{\gamma}{2}\right)\right] / (1-e^{-\frac{\gamma}{2}})$。

(2) $\bar{M}_0$ 指 M_0 以外的事件,包括 M_T 和 M_F。

$\bar{M}_0$ 事件发生时,即以 $\sqrt{\gamma}$ 为大小的相关波门内有一个或者多余一个的回波时,此时候选回波可能源于目标,也可能源于杂波,取 k 时刻波门内最近邻量测点用作更新:

$$X(k|k) = X(k|k-1) + K(k)\beta_1 V^*(k) \tag{4.23}$$

$$\bar{P}_k^{M_F}(D) = P(k|k-1) + \frac{P_D P_R (1-C_{\tau g}(D))}{1-P_D P_R(D)} K(k) S(k) K'(k) \tag{4.24}$$

$$D = V^{*'}(k) S^{-1}(k) V^*(k) \tag{4.25}$$

$$\begin{aligned} P(k|k) &= \beta_0 \bar{P}_k^{M_F}(D) + \beta_1 [P(k|k-1) - K(k)S(k)K'(k)] + \\ &\quad \beta_0 \beta_1 K(k) V^*(k) V^{*'}(k) K'(k) \\ &= P(k|k-1) + \left\{ \frac{\beta_0 P_D P_R(D)[1-C_{\tau g}(D)]}{1-P_D P_R(D)} - \beta_1 K(k) S(k) K'(k) \right\} + \\ &\quad \beta_0 \beta_1 K(k) V^*(k) V^{*'}(k) K'(k) \end{aligned} \tag{4.26}$$

式中,β_1 为该最近邻量测点来自于杂波的概率,且 $\beta_0 = 1 - \beta_1$;确认区域内最近邻回

波的新息用 $V^*(k)$ 表示;$\bar{P}_k^{M_F}(D)$ 为状态误差协方差;$P_R(D)$ 为真实量测点出现在范围为 $\sqrt{D}$ 的确认区域内的概率,且

$$P_R(D) = \frac{m\,C_m}{2^{\frac{m}{2}+1}\pi^{\frac{m}{2}}}\int_0^D q^{\frac{m}{2}-1}\mathrm{e}^{-\frac{q}{2}}\mathrm{d}q \tag{4.27}$$

当 $m=2$ 时,$P_R(D)=1-\mathrm{e}^{-\frac{D}{2}}$;求取 $C_{\tau g}(D)$ 只需将 D 代替 $C_{\tau g}$ 中的 γ 即可。

4.4.3 概率数据互联算法

概率数据互联算法(probabilistic data association,PDA)是一种全邻算法,它假设所有落入相关波门的候选回波均来自目标,根据不同的候选回波计算出回波来自目标的概率,取候选回波的概率进行加权,并将其认为是目标的真实回波。概率数据互联算法是一种次优方法,它应该满足以下两个假设:①航迹起始完成,航迹已经建立;②有且仅有一个真实量测点存在,若有其他量测点则为杂波点。PDA 主要用于单目标杂波环境下的航迹数据关联。PDA 的优点是误跟和丢失目标的概率较小,而且计算量相对较小,便于计算机求解。

假设 $Z(k)$ 为 k 时刻确认区域内所有的候选回波,Z^k 为从航迹起始到 k 时刻所有的候选回波,则:

$$Z^k = \{Z(j)\}_{j=1}^k \tag{4.28}$$

其中

$$Z(k) = \{z_i(k)\}_{i=1}^{m_k}$$

式中,m_k 为波门内量测点的数量。

$$\theta_i(k) \triangleq \{z_i(k) \text{ 表示的回波是真实回波}\} \quad (i=1,2,\cdots,m_k)$$
$$\theta_0(k) \triangleq \{k \text{ 时刻回波是杂波}\}$$

在 Z^k 的条件下,第 i 个量测 $z_i(k)$ 是真实回波的概率为

$$\beta_i(K) \triangleq \Pr\{\theta_i(k)\mid Z^k\} \tag{4.29}$$

可以得到 $\sum_{i=0}^{m_k}\beta_i(k)=1$,则目标状态的条件均值为

$$\hat{X}(k\mid k) = E[X(k)\mid Z]$$
$$= \sum_{i=0}^{m_k} E[X_i(k)\mid \theta_i(k),Z^k]\Pr\{\theta_i(k)\mid Z^k\}$$
$$= \sum_{i=0}^{m_k}\beta_i(k)\hat{X}_i(k\mid k) \tag{4.30}$$

式中,$\hat{X}(k\mid k)$ 是一个估计值,它是在 $\theta_i(k)$ 发生时得到的,即

$$\hat{X}(k\mid k) = \hat{X}(k\mid k-1) + K(k)v_i(k) \tag{4.31}$$

式中,$v_i(k)$ 为与该量测值相对应的新息。

若所有回波都是杂波,即 $i=0$,则此时没有可用的用来关联的量测点,这时用预测点代替要关联的量测点,即

$$\hat{X}_0(k|k) = \hat{X}(k|k-1) \qquad (4.32)$$

可得目标状态更新方程的表达式为

$$\hat{X}(k|k) = \sum_{i=0}^{m_k} \beta_i(k) \hat{X}_i(k|k) = \hat{X}(k|k-1) + K(k) \sum_{i=0}^{m_k} \beta_i(k) v_i(k)$$
$$= \hat{X}(k|k-1) + K(k)v(k) \qquad (4.33)$$

式中

$$v_i(k) = \sum_{i=0}^{m_k} \beta_i(k) v_i(k) \qquad (4.34)$$

称为组合新息。与更新状态估计对应的误差协方差为

$$P(k|k) = P(k|k-1)\beta_0(k) + [1-\beta_0(k)]P^c(k|k) + \widetilde{P}(k) \qquad (4.35)$$

式中

$$P^c(k|k) = [1-K(k)H(k)]P(k|k-1) \qquad (4.36)$$

$$\widetilde{P}(k) = K(k)[\sum_{i=1}^{m_k} \beta_i(k) v_i(k) v_i'(k) - v(k) v']K(k) \qquad (4.37)$$

4.4.4 多假设跟踪算法

多假设跟踪算法(multi hypothesis tracking,MHT)是一种在数据关联发生冲突时,形成多种假设以延迟做决定的逻辑。它是集航迹起始、航迹维持、航迹终结功能于一体的目标跟踪方法,功能强大。

多假设跟踪算法的基本流程如图 4.6 所示,主要包括点迹与分族相关、点迹与航迹相关、航迹假设分支、航迹得分计算、全局最优假设生成、N-Scan 剪枝、族的合并与分离、航迹显示等。

MHT 应用的最大障碍在于其组合爆炸带来的巨大计算量需求,算法设计的难题在于如何控制其计算量。

限制 MHT 组合爆炸主要有以下技术。

(1)航迹级剪枝。得分较低的假设直接删除。

(2)全局级剪枝。在计算出全局最优假设后,进行 N-Scan 剪枝。

对于目标密集、背景复杂的跟踪环境,MHT 的主要计算量花费在形成全局最优假设,这部分的计算量占到95%以上,采取的解决措施如下。

(1)在形成最优全局假设前,在每个航迹树内对航迹按得分进行递减的顺序排序,选择不多于 N 个的最好航迹参与最优假设的形成。

(2)在每个航迹树内,未被选中的航迹并不删除。

(3)采用最优搜索算法,得出最优全局假设。

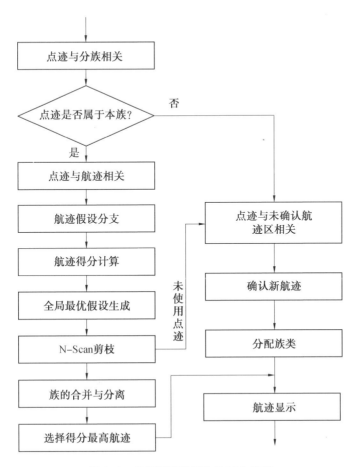

图 4.6 多假设跟踪算法的基本流程

（4）根据最优假设，进行 N-Scan 剪枝，保留有效航迹。虽然有些航迹未被用来形成全局假设，但它们可以在剪枝后保留下来。

通过以上步骤，尽可能多地保留航迹分支假设，又能快速形成全局最优假设的目的。通常在工程应用中，假设航迹不大于 4，回溯周期 N 不大于 3。

目前工程上应用的数据关联算法主要是贝叶斯方法，一般包括单步贝叶斯方法和多步贝叶斯方法。单步贝叶斯方法一般只对最新的量测集合进行关联，是一种次优贝叶斯方法，比较有代表性的算法有 NN 和联合概率数据关联（（joint probabilistic data association，JPDA），JPDA 是一种数据关联算法，主要用于解决多目标跟踪中的数据互联问题）；多步贝叶斯方法对当前时刻以前的量测点进行研究，给出每个量测点序列的概率，以 MHT 最具代表性。

事实上，目前雷达在数据关联上往往对点迹数据进行距离、角度等分区，其目的是利用目标的运动约束对量测点进行粗关联，类似降维处理，减小细关联的运算量。同等条件下采用 MHT 和 JPDA 均能实现密集杂波下的数据关联，MHT 关联性能优于 JPDA，下面通过仿真对 JPDA 与 MHT 性能进行比较。

场景：采样周期 4 s，持续 25 个周期，共四个目标个数。其中三个目标平行运动，水平速度为 0.009 m/s，垂直距离为 0.05 m；第四个目标斜下方运动，速度为 0.009 5 m/s。杂波密度为 10 个，检测概率为 0.9。JPDA 与 MHT 仿真场景图如图 4.7 所示。

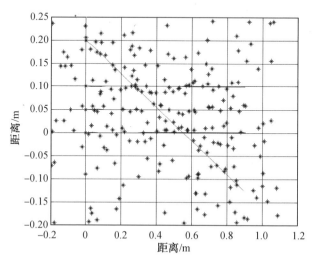

图 4.7 JPDA 与 MHT 仿真场景图

分别采用 JPDA 和 MHT 跟踪结果如图 4.8 所示。

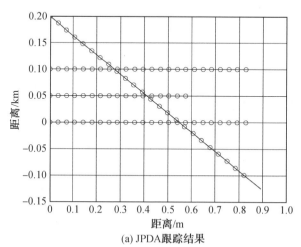

(a) JPDA 跟踪结果

图 4.8 JPDA 与 MHT 跟踪结果

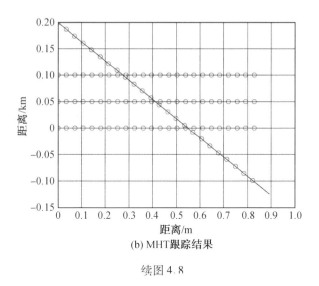

(b) MHT跟踪结果

续图4.8

4.5 滤波方法及目标模型

4.5.1 雷达数据处理中的估计方法

最早用于雷达数据处理的方法是高斯于1795年提出的最小二乘法,该方法开创了用数学方法处理观测数据和实验数据的新领域。20世纪40年代,N. Wiener提出了著名的维纳(Wiener)滤波,为现代滤波理论的发展和研究奠定基础。1960年,美国学者R. E. Kalman提出了离散系统的卡尔曼(Kalman)滤波,经过发展,卡尔曼理论逐渐完善。卡尔曼滤波算法具有递推结构、计算量小、对存储空间要求小、实时性强的优点,一经推出,就广泛应用于工程领域。在卡尔曼滤波的基础上,为了进一步减小计算量,人们提出了常增益滤波,在航迹滤波中最常用的是 $\alpha-\beta$ 滤波。Bucy 和 Sunahara 提出了扩展卡尔曼滤波(extended Kalman filter,EKF),扩展卡尔曼滤波解决了非线性系统的滤波问题,但存在模型线性化误差导致的滤波发散、模型线性化过程复杂的问题。在此基础上,人们提出了无迹卡尔曼滤波,该算法计算方便且滤波效果较好,因此实际中经常使用UKF而不是EKF。

4.5.2 卡尔曼滤波器

最小均方误差估计可以对具有随机特性的目标实现最优估计,而卡尔曼滤波器便是基于这种最优估计准则而设计的滤波器。雷达扫描环境不可能是理想干净的,这使得扫描到的目标具有不确定性,因此在数据处理过程中采用卡尔曼滤波器,对目标进行最优估计,以降低其不确定性。

在卡尔曼滤波算法产生以前,雷达数据处理采用了很多估计方法,如最小二乘法、两点盲推法和 Wiener 滤波等,但这些算法存在求解困难、运算复杂、存储空间消耗大和适用范围窄等缺点,难以在实际工程中得到广泛的应用。卡尔曼滤波因其特有的求解方法,有着以下其他估计方法所不具备的优点。

(1)线性无偏最小均方误差的递推估计。

(2)既适合暂态过程,也适合稳态过程的状态估计,同时适合多变量系统。

(3)运算量少,实时处理效果好。

(4)能给出滤波和预测的精度,即估计误差矩阵和一步预测误差矩阵。

(5)较高的跟踪精度。

4.5.3 空气动力目标模型

1. 跟踪模型选择

在对目标的运动建模中,常用的模型是 CV 模型、Singer 模型和 CT 模型。CV 模型反映目标匀速飞行时的运动状态;Singer 模型反映目标加速度为零均值一阶马尔可夫过程时目标的运动状态;CT 模型是匀速转弯模型,适合目标的转弯运动。

(1)CV 模型。

在常速度模型里,目标运动的二维数学模型可描述为目标以恒定的速度运动,目标的状态向量包括位置 x、y 和速度 $\dot{x}$、$\dot{y}$ 四个分量。

离散化后二维 CV 模型的时间系统表达式为

$$\begin{bmatrix} x(k+1) \\ \dot{x}(k+1) \\ y(k+1) \\ \dot{y}(k+1) \end{bmatrix} = \begin{bmatrix} 1 & T & 0 & 0 \\ 0 & 1 & 0 & 0 \\ 0 & 0 & 1 & T \\ 0 & 0 & 0 & 1 \end{bmatrix} \begin{bmatrix} x(k) \\ \dot{x}(k) \\ y(k) \\ \dot{y}(k) \end{bmatrix} + \begin{bmatrix} 0.5T^2 & 0 \\ T & 0 \\ 0 & 0.5T^2 \\ 0 & T \end{bmatrix} \begin{bmatrix} v_x \\ v_y \end{bmatrix} \quad (4.38)$$

其中,$\mathbf{v} = [v_x, v_y]$ 是过程噪声向量。

(2)Singer 模型。

Singer 模型把机动噪声作为有色噪声建立数学模型,认为目标加速度满足具有指数自相关的零均值随机过程。

离散化后二维 Singer 模型的时间系统表达式为

$$\begin{bmatrix} x(k+1) \\ \dot{x}(k+1) \\ \ddot{x}(k+1) \\ y(k+1) \\ \dot{y}(k+1) \\ \ddot{y}(k+1) \end{bmatrix} = \mathrm{diag}[F,F] \times \begin{bmatrix} x(k) \\ \dot{x}(k) \\ \ddot{x}(k) \\ y(k) \\ \dot{y}(k) \\ \ddot{y}(k) \end{bmatrix} + \begin{bmatrix} 0 \\ 0 \\ \nu_x \\ 0 \\ 0 \\ \nu_y \end{bmatrix} \tag{4.39}$$

$$F = \begin{bmatrix} 1 & T & (\alpha T - 1 + e^{-\alpha T})/\alpha^2 \\ 0 & 1 & (1 - e^{-\alpha T})/\alpha \\ 0 & 0 & e^{-\alpha T} \end{bmatrix} \tag{4.40}$$

式中,ν_x(或 ν_y)为零均值白噪声过程,方差为 $2\alpha\sigma^2$,其中 σ^2 为机动加速度方差,α 为机动时间常数 τ 的倒数,其取值依赖于机动时间持续长短。

(3) CT 模型。

CT 模型通常被认为是目标进行转弯机动时合适的数学模型。在 CT 模型中,目标状态向量为 $\boldsymbol{X}_k = (x_k \ \dot{x}_k \ y_k \ \dot{y}_k \ \omega)^\mathrm{T}$。离散二维 CT 模型的时间系统表达式为

$$\boldsymbol{X}_{k+1} = \begin{bmatrix} 1 & \dfrac{\sin \omega T}{\omega} & 0 & \dfrac{\cos \omega T - 1}{\omega} & 0 \\ 0 & \cos \omega T & 0 & -\sin \omega T & 0 \\ 0 & \dfrac{1-\cos \omega T}{\omega} & 1 & \dfrac{\sin \omega T}{\omega} & 0 \\ 0 & \sin \omega T & 0 & \cos \omega T & 0 \\ 0 & 0 & 0 & 0 & 1 \end{bmatrix} \boldsymbol{X}_k + \begin{bmatrix} T^2/2 & 0 & 0 \\ T & 0 & 0 \\ 0 & T^2/2 & 0 \\ 0 & T & 0 \\ 0 & 0 & 1 \end{bmatrix} \begin{bmatrix} \nu_x \\ \nu_y \\ \nu_w \end{bmatrix}$$

$$\tag{4.41}$$

2. 量测转换

目标的测量通常在空间极坐标系中完成,而后续的跟踪处理则是在直角坐标系中完成。在将雷达量测数据用于跟踪处理之前,需要通过合适的方法把量测数据从极坐标系转换到直角坐标系中。雷达作为一种发射并接收电磁波的传感器,其量测不可避免存在测量误差,在进行坐标转换中必须考虑测量误差的因素。目前从极坐标系到直角坐标系转换精度较高的量测转换方法是修正无偏的量测转换。

假设两坐标雷达在极坐标下的量测距离和方位分别为 $(r_\mathrm{m}, \theta_\mathrm{m})$,真值为 (r, θ),$(\sigma_r, \sigma_\theta)$ 是距离和方位的标准差,则无偏转换的公式如下:

$$\begin{cases} x_m^u = \lambda_\theta^{-1} r_m \cos\theta_m \\ y_m^u = \lambda_\theta^{-1} r_m \sin\theta_m \end{cases} \tag{4.42}$$

进一步写为

$$\begin{cases} x_m^u = x + \tilde{x}_m^u = \lambda_\theta^{-1} r_m \cos\theta_m \\ y_m^u = y + \tilde{y}_m^u = \lambda_\theta^{-1} r_m \sin\theta_m \end{cases} \tag{4.43}$$

其中,$x = r_k \cos\theta_k, y = r_k \sin\theta_k$,令

$$\begin{cases} \boldsymbol{u}_p = E[\boldsymbol{u}_m^u | r_m, \theta_m] = [u_p^x, u_p^y]^T \\ \boldsymbol{R}_p = \text{cov}[\boldsymbol{u}_m^u | r_m, \theta_m] = \begin{bmatrix} R_p^{xx} & R_p^{xy} \\ R_p^{yx} & R_p^{yy} \end{bmatrix} \end{cases} \tag{4.44}$$

其中,$\boldsymbol{u}_m^u = [\tilde{x}_m^u, \tilde{y}_m^u]^T$。则根据概率论知识可得

$$\begin{cases} u_p^x = E[\tilde{x}_m^u | r_m, \theta_m] = (\lambda_\theta^{-1} - \lambda_\theta) r_m \cos\theta_m \\ u_p^y = E[\tilde{y}_m^u | r_m, \theta_m] = (\lambda_\theta^{-1} - \lambda_\theta) r_m \sin\theta_m \end{cases} \tag{4.45}$$

$$\begin{cases} R_p^{xx} = \text{var}[\tilde{x}_m^u | r_m, \theta_m] = -\lambda_\theta^2 r_m^2 \cos^2\theta_m + \frac{1}{2}(r_m^2 + \sigma_r^2)(1 + \lambda_\theta' \cos 2\theta_m) \\ R_p^{yy} = \text{var}[\tilde{y}_m^u | r_m, \theta_m] = -\lambda_\theta^2 r_m^2 \sin^2\theta_m + \frac{1}{2}(r_m^2 + \sigma_r^2)(1 + \lambda_\theta' \cos 2\theta_m) \\ R_p^{xy} = \text{var}[\tilde{x}_m^u, \tilde{y}_m^u | r_m, \theta_m] = -\lambda_\theta^2 r_m^2 \sin\theta_m \cos\theta_m + \frac{1}{2}(r_m^2 + \sigma_r^2) \lambda_\theta' \sin 2\theta_m \end{cases} \tag{4.46}$$

其中,偏差补偿因子 λ_θ 由雷达的方位角量测噪声的概率密度函数决定,当方位量测噪声满足高斯分布时,$\lambda_\theta = e^{-\sigma_\theta^2/2}$,$\lambda_\theta' = e^{-2\sigma_\theta^2} = \lambda_\theta^4$。

3. 交互多模型(interacting multiple model, IMM)滤波

任意时刻目标可能进行已知或未知的机动,使得目标运动模式具备不确定性,这种不确定性导致目标机动跟踪成为一个混合估计问题。传统的方法只能在一个单独的时间片段内将目标的运动模式描述为非机动目标运动模型或各种不同的机动模型。当目标运动的真实模式和跟踪中使用的滤波模型不匹配时会出现跟踪性能下降的滤波结果。由此可知,如何确定目标的运动模式是机动目标跟踪的关键,也是混合估计与传统估计方法的主要区别。

IMM 滤波采用混合估计方法进行目标的状态估计。问题建模为一个线性离散的跳跃系统(jump-linear system),表示为

$$x_k = F_{k-1}(s_k) x_{k-1} + G_{k-1}(s_k) w_{k-1}(s_k) \tag{4.47}$$

$$z_k = H_k(s_k) x_k + v_k(s_k) \tag{4.48}$$

整个系统是非线性的,只有在系统的模式 s_k 给定时,系统是线性的。实际上,系统的模式 s_k 可能在未知的时刻进行跳跃。马尔可夫链的线性跳跃系统是

指模式 s_k 表示为一个马尔可夫链:

$$P\{s_{k+1}=s_j|s_k=s_i\}=P_{ij}=\text{constant} \quad (\forall s_i,s_j,k) \tag{4.49}$$

对于所有时刻 k,s_i、s_j 属于系统的模式空间内。

在交互式多模型算法中,设目标有 r 种运动状态,对应有 r 种运动模型,记为 $M_1,M_2,\cdots,M_r$。目标的每一组运动模型和量测模型都可以通过下面的一组方程来描述:

$$X(k)=F_{M_j}(k-1)X(k-1)+G_{M_j}(k-1)W_{M_j}(k-1) \tag{4.50}$$

$$Z(k)=H_{M_j}(k)X(k)+V_{M_j}(k) \tag{4.51}$$

在 k 时刻,事件模型 M_j 正确记为 $M_j(k)$,即 $M_j(k)=M_j$。在已知量测序列 Z_k 的条件下,事件 $M_j(k)$ 发生的后验概率表示为 $\mu_j(k)=P\{M_j(k)|Z^k\}$,则有如下关系式成立:

$$\sum_{j=1}^{r}\mu_j(k)=1 \tag{4.52}$$

各模型之间在不同时刻,按照已知的齐次马尔可夫链状态转移概率矩阵进行切换,转移概率可以表示为

$$P_{ij}=P\{M(k)=M_j|M(k-1)=M_i\} \tag{4.53}$$

状态转移概率矩阵记为 $[P_{ij}]$。每一种运动模型都与一个卡尔曼滤波器相匹配来估计当前模型下的状态变量,如 M_j 对应滤波器 j,r 个滤波器同时并行工作,当前任一滤波器的输入都是前一时刻 r 个滤波器输出的混合值。k 时刻的状态估计是当前多个滤波器获得状态变量的加权和。

交互式多模型算法是一种递推算法,算法每一循环过程包括输入交互、滤波、模型概率更新和输出综合步骤。设模型 M_j 的初始概率 $\mu_j(0)$ 及状态转移概率矩阵已知,则对该算法的一个循环过程进行介绍。

IMM 算法的递推处理过程如下。

(1)状态估计的交互。

假设从模型 i 转移到模型 j 的转移概率为 $P_{t_{ij}}$:

$$P_t=\begin{bmatrix} P_{t_{11}} & P_{t_{12}} & P_{t_{13}} \\ P_{t_{21}} & P_{t_{22}} & P_{t_{23}} \\ P_{t_{31}} & P_{t_{32}} & P_{t_{33}} \end{bmatrix} \tag{4.54}$$

$\hat{X}^j(k-1|k-1)$ 为 $k-1$ 时刻的滤波器 j 的状态估计,$p^j(k-1|k-1)$ 为相应的协方差阵,$u_{k-1}(j)$ 为 $k-1$ 时刻模型 j 的概率,其中 i,$j=1,2,\cdots,r$,则交互计算后三个滤波器在 k 时刻的输入如下:

$$\hat{X}^{0j}(k-1|k-1)=\sum_{i=1}^{3}\hat{X}^i(k-1|k-1)u_{k-1|k-1}(i|j) \tag{4.55}$$

其中：

$$u_{k-1|k-1}(i|j) = \frac{1}{\bar{C}} P_{t_{ij}} u_{k-1}(i) \quad (4.56)$$

（2）模型修正。

将 $\hat{X}^{0j}(k-1|k-1)$、$P^{0j}(k-1|k-1)$ 作为 k 时刻第 j 个模型的输入，得到相应的滤波输出为 $\hat{X}^j(k|k)$、$P^j(k|k)$。

（3）模型可能性计算。

若模型 j 滤波残差为 v_k^j，相应的协方差为 S_k^j，并假定服从高斯分布，那么模型 j 的可能性为

$$\Lambda_k^j = \frac{1}{\sqrt{|2\pi S_k^j|}} \exp\left[-\frac{1}{2}(v_k^j)'(S_k^j)v_k^j\right] \quad (4.57)$$

其中

$$v_k^j = Z(k) - H^j(k)\hat{X}^j(k|k-1) \quad (4.58)$$

$$S_k^j = H^j(k)P^j(k|k-1)H^j(k)' + R(k) \quad (4.59)$$

（4）模型概率更新。

模型 j 的概率更新如下：

$$u_k(j) = \frac{1}{C}\Lambda_k^j \bar{C}_j$$

$$C = \sum_{i=1}^{3} \Lambda_k^i \bar{C}_i \quad (4.60)$$

（5）输出交互。

$$\hat{X}(k|k) = \sum_{i=1}^{3} \hat{X}^i(k|k) u_k(i)$$

$$P(k|k) = \sum_{i=1}^{3} u_k(i)\left[P^i(k|k) + (\hat{X}^i(k|k) - \hat{X}(k|k)) \times (\hat{X}^i(k|k) - \hat{X}(k|k))'\right] \quad (4.61)$$

IMM 滤波方法是递推的，在每个周期进行多个运动模型的滤波，算法的整体状态估计为多个模型状态估计的有效混合。通过同时使用多个模型，有效的解决了估计过程中由于目标模型的不确定性而带来的困难。通过分析大量的实际飞行数据表明，交互多模型滤波为目标非机动/机动飞行的联合决策和估计问题提供一种高精度的集成性方法。IMM 滤波方法工作原理如图 4.9 所示。

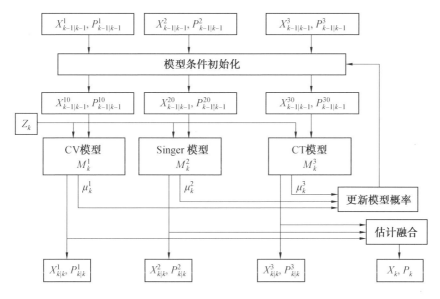

图 4.9 IMM 滤波方法工作原理

4.6 修正的常增益自适应滤波方法

考虑目标在空域中进行飞行,相对于雷达的观测值分别为距离 R、方位角 β、高低角 ε。本节推导目标在球坐标系中的动态模型。设目标在直角坐标系下的坐标分别为 $x(t)$、$y(t)$、$z(t)$,对应的球坐标系下的坐标为 R、β、ε,如图 4.10 所示。

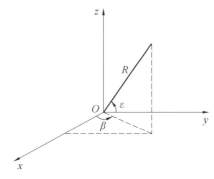

图 4.10 直角坐标系与球坐标系的关系

由直角坐标系与球坐标系之间的关系,可以得到

$$\begin{cases} x = R\cos\varepsilon\cos\beta \\ y = R\cos\varepsilon\sin\beta \\ z = R\sin\varepsilon \end{cases} \tag{4.62}$$

上式取对时间的导数得到

$$\begin{bmatrix} v_x \\ v_y \\ v_z \end{bmatrix} = \begin{bmatrix} \cos\varepsilon\cos\beta & -R\cos\varepsilon\sin\beta & -R\sin\varepsilon\cos\beta \\ \cos\varepsilon\sin\beta & R\cos\varepsilon\cos\beta & -R\sin\varepsilon\sin\beta \\ \sin\varepsilon & 0 & R\cos\varepsilon \end{bmatrix} \begin{bmatrix} \dot{R} \\ \dot{\beta} \\ \dot{\varepsilon} \end{bmatrix} \tag{4.63}$$

记作：

$$\boldsymbol{v} = \begin{bmatrix} v_x \\ v_y \\ v_z \end{bmatrix}, \quad \dot{\boldsymbol{\phi}} = \begin{bmatrix} \dot{R} \\ \dot{\beta} \\ \dot{\varepsilon} \end{bmatrix} \tag{4.64}$$

$$\boldsymbol{A} = \begin{bmatrix} \cos\varepsilon\cos\beta & -R\cos\varepsilon\sin\beta & -R\sin\varepsilon\cos\beta \\ \cos\varepsilon\sin\beta & R\cos\varepsilon\cos\beta & -R\sin\varepsilon\sin\beta \\ \sin\varepsilon & 0 & R\cos\varepsilon \end{bmatrix} \tag{4.65}$$

于是

$$\boldsymbol{v} = \boldsymbol{A} \times \dot{\boldsymbol{\phi}} \tag{4.66}$$

对式(4.66)再做一次求导，得到

$$\dot{\boldsymbol{v}} = \dot{\boldsymbol{A}}\dot{\boldsymbol{\phi}} + \boldsymbol{A}\ddot{\boldsymbol{\phi}} \tag{4.67}$$

把直角坐标系下的动态方程进行坐标变换，即得到球坐标系中的动态方程，取到 T^2 项，其形式为

$$X_l(k+1) = \phi X_l(k+1) + \Gamma q_l(k) + \Gamma w_l(k) \quad (l=1,2,3) \tag{4.68}$$

式中，$w_l(k)$ 为模型噪声；$E[w_l^2(k)] = Q_l(k)$；$q_l(k)$ 为牵连加速度项，即

$$q_1(k) = \ddot{R}, \quad q_2(k) = \ddot{\beta}, \quad q_3(k) = \ddot{\varepsilon} \tag{4.69}$$

根据这个目标建立动态模型即修正的 α-β-γ 滤波器。

为了阐明自适应的原理，假如雷达站所在平面内有一个运动目标，且观测值仅仅是斜距和方位角，即 $\varepsilon = 0$。一个工程上实用的描述更精确的方法是利用极坐标的变换公式，并忽略方位角偏差的高阶无穷小量而得到的。

$$R(k+1) = (R(k) + T\dot{R}(k))\left(1 + \frac{\Delta\bar{\beta}^2(k)}{2}\right)$$

$$\dot{R}(k+1) = (\dot{R}(k) + R(k)\dot{\beta}(k)\Delta\bar{\beta})\left(1 - \frac{\Delta\bar{\beta}^2(k)}{2}\right)$$

$$\beta(k+1) = \beta(k) + \Delta\bar{\beta}(k) - \frac{1}{3}(\Delta\bar{\beta}(k))^3$$

$$R(k+1)\dot{\beta}(k+1) = (R(k)\dot{\beta}(k) - \dot{R}(k)\Delta\bar{\beta}(k)) \times \left(1 - \frac{\Delta\bar{\beta}^2(k)}{2}\right)$$

式中

$$\Delta\bar{\beta}(k) = \frac{\dot{\beta}(k)T}{1 + \frac{\dot{R}(k)T}{R(k)}}$$

根据这个动态模型，建立二维解耦滤波器组，它们的递推公式如下：

$$\hat{\dot{S}}_{k/k} = (\beta_k - \hat{\beta}_{k/k-1})R_k F_{1k} + \hat{\dot{S}}_{k/k-1} \quad \text{（切向速度平滑）}$$

$$\hat{\dot{R}}_{k/k} = (R_k - \hat{\bar{R}}_{k/k-1})F_{2k} + \hat{\dot{R}}_{k/k-1} \quad \text{（径向速度平滑）}$$

$$\hat{R}_{k/k} = (R_k - \hat{\bar{R}}_{k/k-1})F_{3k} + \hat{\bar{R}}_{k/k-1} \quad \text{（径向距离平滑）}$$

$$\hat{R}_{k+1/k} = \hat{R}_{k/k} + \hat{\dot{R}}_{k/k}T \quad \text{（径向距离盲推）}$$

$$\hat{\beta}_{k/k} = (\beta_k - \hat{\beta}_{k/k-1})F_{4k} + \hat{\beta}_{k/k-1} \quad \text{（方位角平滑）}$$

$$\hat{\beta}_{k+1/k} = \hat{\beta}_{k/k} + \frac{\hat{\dot{S}}_{k/k}T}{\hat{R}_{k+1/k}} \quad \text{（方位角盲推）}$$

$$\bar{\hat{R}}_{k+1/k} = \hat{R}_{k+1/k}\left[1 + \frac{1}{2}\left(\frac{(\beta_k - \hat{\beta}_{k/k-1})R_k F_{4k}}{\hat{R}_{k/k}} + \frac{\hat{\dot{S}}_{k/k}T}{\hat{R}_{k+1/k}}\right)^2\right] \quad \text{（修正的径向距离盲推）}$$

$$\hat{\dot{R}}_{k+1/k} = \left[\hat{\dot{R}}_{k/k} + \hat{\dot{S}}_{k/k}\left(\frac{(\beta_k - \hat{\beta}_{k/k-1})R_k F_{4k}}{\hat{R}_{k/k}} + \frac{\hat{\dot{S}}_{k/k}T}{\hat{R}_{k+1/k}}\right)\right]\left[1 - \frac{1}{2}\left(\frac{(\beta_k - \hat{\beta}_{k/k-1})R_k F_{4k}}{\hat{R}_{k/k}} + \frac{\hat{\dot{S}}_{k/k}T}{\hat{R}_{k+1/k}}\right)^2\right]$$

（径向速度盲推）

$$\hat{\dot{S}}_{k+1/k} = \left[\hat{\dot{S}}_{k/k} - \hat{\dot{R}}_{k/k}\left(\frac{(\beta_k - \hat{\beta}_{k/k-1})R_k F_{4k}}{\hat{R}_{k/k}} + \frac{\hat{\dot{S}}_{k/k}T}{\hat{R}_{k+1/k}}\right)\right]\left[1 - \frac{1}{2}\left(\frac{(\beta_k - \hat{\beta}_{k/k-1})R_k F_{4k}}{\hat{R}_{k/k}} + \frac{\hat{\dot{S}}_{k/k}T}{\hat{R}_{k+1/k}}\right)^2\right]$$

（切向速度盲推）

式中

$$F_{3k} = \frac{G_k L}{G_k L + A}, \quad F_{2k} = \frac{(G_k + H_k)L}{(G_k L + A)T}, \quad F_{1k} = \frac{(M_k + N_k)P}{(M_k P + B)T}, \quad F_{4k} = \frac{M_k P}{M_k P + B}$$

$$G_{k+1} = H_k\left(2 - \frac{2G_k L + H_k L}{G_k L + A}\right) + \frac{4AG_k + 2AH_k}{G_k L + A} + \frac{AG_{k-1}}{G_{k-1}L + A} + b - a$$

$$H_{k+1} = -\frac{(2G_k + H_k)A}{G_{k-1}L + A} + a, \quad a = \frac{q_{12}^R T - q_{11}^R}{L}, \quad b = \frac{q_{22}^R T^2 - q_{12}^R T + q_{11}^R}{L}$$

$$M_{k+1} = N_k \left(2 - \frac{2M_kP + N_kP}{M_kP + B}\right) + \frac{4BM_k + 2BN_k}{M_kP + B} + \frac{BM_{k-1}}{M_{k-1}P + B} + d - c$$

$$N_{k+1} = -\frac{(2M_k + N_k)B}{M_kP + B} + c, \quad c = \frac{q_{12}^\beta T - q_{11}^\beta}{L}, \quad d = \frac{q_{22}^\beta T^2 - q_{12}^\beta T + q_{11}^\beta}{L}$$

4.7 航迹评估指标

在雷达多源信息融合能力评估中,通常认为信息融合能力主要体现为快、准、稳三个字。其中,准是指融合态势与真实态势相一致,该一致性决定作战指挥员可在多大程度上相信融合态势,这种概念同样可适用于雷达数据处理系统。而在与准相关的所有指标中,正确航迹率是反映正确航迹数量(同样也反映虚假航迹数量)的一个重要指标。

正确航迹率是指雷达态势中正确航迹占航迹总数的比例。设在 t 时刻,雷达态势中正确航迹数为 $Q_{dc}(t)$,航迹总数为 $Q_d(t)$,雷达在 t 时刻的正确航迹率 $\rho_{dc}(t)$ 为

$$\rho_{dc}(t) = \frac{Q_{dc}(t)}{Q_d(t)}$$

在 $[t_a, t_b]$ 时间段内,正确航迹率 ρ 为

$$\rho = \frac{1}{t_b - t_a} \int_{t_a}^{t_b} \frac{Q_{dc}(t)}{Q_d(t)} dt$$

正确航迹率能够从侧面反映一段时间内对虚假航迹的抑制水平,但在通常的实际应用中,雷达探测区域内真实的目标个数是非常有限的,而杂波和干扰却相对较多,建立的所有航迹中大多是虚假航迹(即 $Q_{dc}(t) \ll Q_d(t)$),因此即使通过各种技术有效抑制了虚假航迹的产生,但可能体现在正确航迹率数值上的变化却并不直观。为了方便工程应用,主要通过采用单位时间虚假航迹数、虚假航迹平均维持周期两个指标,更直观综合评估一段时间内对虚假航迹抑制的能力。

(1)单位时间虚假航迹数。

设在 $[t_a, t_b]$ 时间段内,共建立 m 条航迹,分别为 $T_1, T_2, T_3, T_4, \cdots, T_m$,假设前 $n(n \leq m)$ 条为虚假航迹,则单位时间的虚假航迹数为

$$\rho_{f_1} = \frac{n}{t_b - t_a}$$

(2)虚假航迹平均维持周期。

设上述 n 条虚假航迹的维持时间(航迹从建立到撤销的时间差)分别为 $t_1, t_2, t_3, \cdots, t_n$,则虚假航迹的平均维持时间为

$$\rho_{f_2} = \frac{1}{n}\sum_{i=1}^{n} t_i$$

4.8 本章小结

本章主要介绍典型相控阵雷达数据处理的相关基础知识,首先对相控阵雷达进行简单概述,边扫描边跟踪体制作为相控阵雷达中的一种典型模式,在给指挥员提供决策依据中发挥着重要作用。雷达数据处理主要包括航迹起始、航迹关联及航迹滤波等内容。航迹起始包括直观法、逻辑法等起始方法;航迹关联主要用于判定点迹和航迹之间是否存在关联,对航迹信息进行更新;航迹滤波中最常见的是卡尔曼滤波器,通过滤波处理可以对目标进行最优估计,以降低其不确定性。

修正的常增益自适应滤波方法作为一种在工程实现上使用效果比较好的滤波方法,本章给出理论推导过程,并在第8章进行具体代码实现。

最后,本章对航迹评估指标进行介绍,这些指标将在第8章中的虚假航迹指标中得到应用。

本章参考文献

[1] 候同章. 雷达航迹处理算法研究[D]. 无锡:江南大学,2015.

[2] 吴顺君. 雷达信号处理和数据处理技术[M]. 北京:电子工业出版社,2008.

[3] 蔡庆宇,薛毅. 相控阵雷达数据处理及其仿真技术[M]. 北京:国防工业出版社,1997.

第 5 章

典型相控阵雷达数据处理技术的实现方法及 MATLAB 仿真

5.1 典型相控阵雷达数据处理算法

雷达信号处理后的数据一般是受污染数据,而且每一批处理数据之间的关系是不确定的,雷达数据处理的基本任务是对信号处理后的数据进行处理,得到用户可以直接应用的信息,比如目标的位置、速度,目标的航迹及目标的未来位置等。

雷达数据处理过程主要包括数据预处理、航迹起始、数据关联、跟踪滤波等,图 5.1 所示为雷达数据处理的示意框图。虽然针对不同的雷达系统,雷达数据处理在实现方法上是有所差别的,但雷达数据处理的总体流程是一致的,所以本章将详细讨论从系统仿真环境的模拟、目标模型的建立到最终可靠航迹显示的整个仿真过程,然后给出相应的仿真结果。

三坐标搜索雷达是一部方位机械扫描与仰角上电扫描的全相参脉冲多普勒雷达,其功能主要是对给定空域进行搜索,发现目标后进行敌我识别,对满足既定准则的目标建立航迹跟踪。其中,多目标航迹跟踪处理技术是关键技术,多目标航迹跟踪处理技术基于三维极坐标卡尔曼滤波技术,其数据处理框图如图 5.2 所示。

第5章 典型相控阵雷达数据处理技术的实现方法及MATLAB仿真

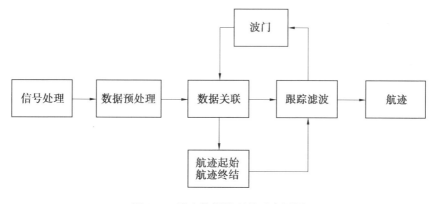

图 5.1 雷达数据处理的示意框图

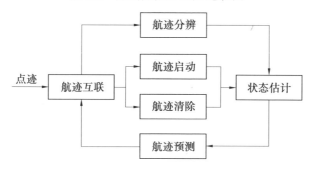

图 5.2 多目标航迹跟踪处理技术数据处理框图

5.1.1 目标航迹的启动

当测量值送入计算机后,即以测量值为基准建立相应的门。如果上一周期有测量值落入相应的门内,该测量值就可以用来启动一个新的跟踪回路。用本次测量值建立对应门的优点,是减少所占用的内存单元。目标航迹的启动过程如图 5.3 所示。

目标进入的时间定义为计算机接收到目标测量值时刻,此时对应天线所在的实时位置。要求进入时间符合周期要求是为了避免同一天线旋转周期内,两个靠得近的目标被认为是同一目标在两个天线旋转周期内进入的信号。

当计算机接收到目标测量值时,同时记下此单元的内容作为该目标的进入时间。两个测量值的进入时间之差的绝对值必须大于某一常数,就可以认为是不同天线旋转周期进入的测量值。此常数与目标的方位角速度有关,选择的余地很大。距离门和方位门的选择主要根据目标的径向速度、角速度和距离。距离门和方位门的选择要合适,太大容易产生虚假启动,浪费时间;太小使整个系统的快速性受到影响。例如,当目标的距离近、径向速度大时,所选择的门要大

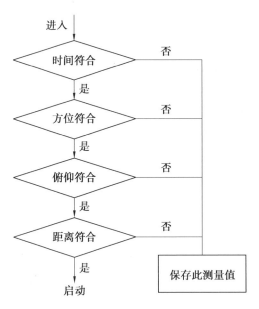

图 5.3 目标航迹的启动过程

些,因为此时要快速给出目标的坐标,否则贻误战机;相反,对距离远、径向速度小的目标,门可以选择得小些。搜索与指示雷达有很粗的仰角信息,因此在启动跟踪回路前,仰角信息必须符合才行。

5.1.2 多目标点迹航迹的互联

每一个跟踪回路以预报值为基准,形成相应的距离门,如果下一周期有测量值落入此门,则认为该测量值与此跟踪回路互联。门的大小一般可取为

$$\begin{pmatrix} \Phi_k^R \\ \Phi_k^\beta \\ \Phi_k^\varepsilon \end{pmatrix} = \begin{pmatrix} \Delta R_M + C_R \sqrt{\sigma_R^2 + P_R} \\ \Delta \beta_M + C_\beta \sqrt{\sigma_\beta^2 + P_\beta} \\ \Delta \varepsilon_M + C_\varepsilon \sqrt{\sigma_\varepsilon^2 + P_\varepsilon} \end{pmatrix} \tag{5.1}$$

式中,C 为常数,取值范围为 0.5～3;σ^2 为测量方差;P 为预报方差;ΔR_M、$\Delta \beta_M$ 和 $\Delta \varepsilon_M$ 为跟踪回路在盲跟踪期间由于目标机动所引起的误差。

互联门大小的选择灵活性很大,当取大时,目标丢失互联的机会少,但分辨较困难,反之亦然,因此门的大小要折衷考虑。

判别目标机动门,当目标的测量值落在此门之外,说明目标产生大的机动,应加大跟踪回路的带宽来改善回路的机动性能。从式(5.1)和式(5.2)相比来看,此门比互联门小,其大小由目标的机动性确定:

$$\begin{pmatrix} M_k^R \\ M_k^\beta \\ M_k^\varepsilon \end{pmatrix} = \begin{pmatrix} C_R\sqrt{\sigma_R^2+P_R} \\ C_\beta\sqrt{\sigma_\beta^2+P_\beta} \\ C_\varepsilon\sqrt{\sigma_\varepsilon^2+P_\varepsilon} \end{pmatrix} \tag{5.2}$$

1. 首先判断点迹是否落入航迹方位跟踪门

设 β_k 为 k 时方位角的测量值；$\beta_{k/k-1}$ 为目标 $k-1$ 时对 k 时方位角的预报值；Φ_κ^β 为目标预测方位波门的宽度。对方法角测量值和预报值差值的绝对值与方位波门宽度进行比较。

IF abs($\beta_k-\beta_{k/k-1}$)<Φ_κ^β

//目标点迹落入航迹的跟踪方位波门内

ELSE IF 2π-abs($\beta_k-\beta_{k/k-1}$)<Φ_κ^β

{

//目标点迹未落入航迹的跟踪方位波门内

IF $\beta_k-\beta_{k/k-1}$>0

$\beta_k-\beta_{k/k-1}=\beta_k-\beta_{k/k-1}-2\pi$ //作为滤波处理的误差输入

ELSE

$\beta_k-\beta_{k/k-1}=\beta_k-\beta_{k/k-1}+2\pi$ //作为滤波处理的误差输入

}

ELSE

对于落入关联门的目标进行机动判断：

IF abs($\beta_k-\beta_{k/k-1}$)<M_k^β

则目标开始机动，改变三维卡尔曼滤波器系数，提高滤波跟踪精度。

2. 判断点迹是否落入航迹距离跟踪门

R_k 为 k 时距离的测量值；$R_{k/k-1}$ 为目标 $k-1$ 时对 k 时距离的预报值；Φ_κ^R 为目标预测距离波门的宽度；对距离测量位和预报值差值的绝对值与距离波门宽度进行比较。

IF abs($R_k-R_{k/k-1}$)<Φ_κ^R //目标点迹落入航迹的距离波门内

ELSE   //目标点迹未落入航迹的距离波门内

对于落入关联门的目标进行机动判断：

IF abs($R_k-R_{k/k-1}$)<M_k^R

则目标开始机动，改变三维卡尔曼滤波器系数，提高滤波跟踪精度。

3. 判断点迹是否落入航迹俯仰跟踪门

ε_k 为 k 时俯仰角的测量值；$\varepsilon_{k/k-1}$ 为目标 $k-1$ 时对 k 时俯仰角的预报值；Φ_κ^ε 为

目标预测俯仰角波门的宽度。对俯仰角测量值和预报值差值的绝对值与俯仰角波门宽度进行比较。

IF $\text{abs}(\varepsilon_k - \varepsilon_{k/k-1}) < \Phi_k^\varepsilon$ //目标点迹落入航迹的俯仰角波门内

ELSE //目标点迹未落入航迹的距离波门内

对于落入关联门的目标进行机动判断：

IF $\text{abs}(\varepsilon_k - \varepsilon_{k/k-1}) < M_k^\varepsilon$

则目标开始机动，改变三维卡尔曼滤波器系数，提高滤波跟踪精度。

5.1.3 目标航迹、点迹的清除

（1）目标已建立跟踪航迹，但在天线旋转一周内，跟踪回路对应的互联门内没有目标的测量值落入，此时，就在对应的跟踪回路的跟踪标志单元加1。同时，跟踪回路按原来得到的滤波速度盲推，得到新的预报值，并且再次形成相应的互联门。根据滤波理论，没有测量值单靠盲推所得到的预测方差比有测量值时所得到的预测方差大，因此不能无限外推下去。一般情况，可以连续盲推3～6个天线旋转周期。如果还没有测量值落入互联门，就认为该跟踪回路已丢失目标，应当清除，跟踪标志单元清零。如果连续盲推的次数小于3～6个天线旋转周期，就有测量值落入互联门内，此跟踪回路就按正常的滤波方式工作，同时，跟踪标志单元清零。

（2）目标未建立跟踪航迹，当计算机接收到目标测量值后，如果连续两个天线旋转周期都没有测量值落入启动门内，为节省内存，所接收的测量值应清除。如果计算机内存容量大，也可以保留时间大于两个天线旋转周期的测量值。

处理过程一般如下，输入为未关联的航迹序号，对未关联的航迹盲根次数加1，当盲跟次数大于最大盲跟次数时，清除航迹，输出为更新的航迹表。

5.1.4 多目标点迹航迹的分辨

分辨的任务是对落入某一航迹关联门内的点迹，找到认为是最合适的一个点迹。由于关联门较大，其结果有可能是一个点迹与多个航迹互联，也有可能是一个航迹与多个点迹互联。分辨的准则一般如下。

（1）当若干点迹与一个航迹互联时，该航迹和最近的点迹互联。

（2）当若干航迹与一个点迹互联时，该点迹与最近的航迹互联。

（3）与若干点迹互联的航迹，如果其中一点迹只与此航迹互联，则它就是此航迹对应的点迹，而不考虑其他。

（4）一个点迹与若干个航迹互联时，如果其中一个航迹只与该点迹互联，则它就是此航迹对应的点迹，而不考虑其他。

其中，（1）、（3）条同时满足时，（3）条优先；（2）、（4）条同时满足时，（4）条

优先。

5.1.5 数据关联

在理想的目标运动模型中，总认为观测环境是"干净"的，每次只检测到一个观测值，并且这个观测值是来自被跟踪的目标，但在实际的系统中环境并非是理想的。由于观测噪声等因素的存在，可能出现虚警等现象，另外被观测区域存在的随机干扰导致目标可能出现的区域出现杂波。总而言之，一次检测可能得到多个观测值，而且在这些观测值中，不知道哪些来自被跟踪的目标，哪些是虚假的观测值。这个因素决定了数据关联过程是雷达数据处理系统中的重要环节。

当雷达扫描区域内只有一个目标且没有干扰的情况下，目标的相关波门内只会有一个点迹，此时不存在数据关联的问题，但当雷达扫描区域内出现多个目标或者存在杂波的情况下，同一点迹可能落在多个波门内或者同一波门内会出现多个点迹，此时涉及数据关联的问题。数据关联即判断某一时刻雷达观测数据与其他时刻观测数据或者已存在航迹之间的关系，从而实现点迹和航迹配对的过程。

一般而言，根据互相关联对象的不同，数据关联可分为以下几种情况。

（1）航迹起始。点迹与点迹的互联。

（2）航迹更新。点迹与航迹（航迹预测点）的互联，也可以称为航迹保持。

（3）航迹融合。航迹与航迹的互联。

数据关联的方法可以分为两类，一类是贝叶斯类数据关联算法，另一类是极大似然类数据关联算法。其中，贝叶斯类数据关联算法主要包括最近领域算法、概率数据关联算法等，贝叶斯类数据关联算法是以贝叶斯准则为基础的；而极大似然类数据关联算法主要包括航积分叉法和联合极大似然类数据关联算法等，极大似然类数据关联算法是以观测序列的似然比为基础的。本数据处理中用的是最简单的数据关联算法（最近领域算法），本节详细分析最近领域标准滤波器。

最近领域算法是一种与波门相关的方法，它采用了最简单的相关方法进行数据关联，其工作原理是以被跟踪目标的可靠航迹的一步预测点为中心，建立相关波门。如图 5.4 所示。

一旦相关波门确定，则未落入波门内的点迹将被滤除，不需要考虑它们是否与可靠航迹的预测点相关；对于落入相关波门内的点迹，如果只有一个，则该点迹即为航迹更新的点迹，但如果有多个点迹落入相关波门内，则需要计算各个点迹的统计距离，以便取到最靠近航迹预测点的点迹来更新航迹。统计距离的定义为

$$d_i^2(z) = [z_i(k+1) - \hat{z}(k+1|k)]' S^{-1}(k+1) [z_i(k+1) - \hat{z}(k+1|k)] \quad (5.3)$$

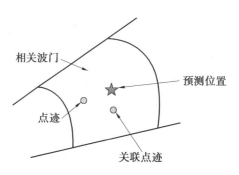

图 5.4 波门示意图

式中,$z_i(k+1)$ 为 $k+1$ 时刻目标的第 i 个观测值;$\hat{z}(k+1|k)$ 为 k 时刻目标观测的一步预测值;$S^{-1}(k+1)$ 为新息的协方差。

假设波门为 r_0,如果统计距离满足

$$d_i^2(z) < r_0 \tag{5.4}$$

则认为第 i 个观测值 $z_i(k+1)$ 落入波门内。当波门内只有一个观测值,也就是 $z_i(k+1)(i=1)$ 时,则用这仅有的一个观测值来更新航迹;当波门内出现多个观测值 $z_i(k+1)(i=1,2,\cdots,n)$ 时,则取使 $d_i^2(z)(i=1,2,\cdots,n)$ 最小值时的观测值来更新航迹。

在实际的工程中还存在一个问题,当目标密集时,多个相关波门会重叠在一起,一个点迹可能落入多个波门内,从而涉及多个点迹、航迹关联的问题。本节用图 5.5 的例子说明最近领域算法。

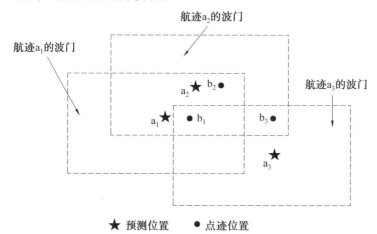

图 5.5 最近领域算法示意图 1

图 5.5 中,航迹 a_1 的相关波门内有 b_1 和 b_2 两个点迹;航迹 a_2 的相关波门内有 b_1、b_2 和 b_3 三个点迹;航迹 a_3 的相关波门内有 b_1 和 b_3 两个点迹。表 5.1 给

出了相应的点迹-航迹统计间隔矩阵。其中∞处表示该点迹与该航迹不相关,即该点迹未落入该航迹的相关波门内。按照最近领域算法的准则,选取最靠近航迹的点迹与航迹关联配对来更新航迹,则点迹 b_1 与航迹 a_1 配对,点迹 b_2 与航迹 a_2 配对,点迹 b_3 与航迹 a_3 配对。

表5.1 点迹-航迹统计间隔矩阵1

航迹	点迹		
	b_1	b_2	b_3
a_1	0.65	2.50	∞
a_2	1.35	0.55	2.00
a_3	2.55	∞	0.7

图5.5给出的例子中刚好每个航迹与之最靠近的点迹是不同的点迹。当目标比较密集时经常出现多个航迹争夺一个点迹的情况,如图5.6所示。

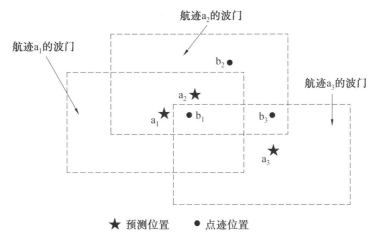

图5.6 最近领域算法示意图2

图5.6中,航迹 a_1 的相关波门内只有 b_1 一个点迹;航迹 a_2 的相关波门内有 b_1、b_2 和 b_3 三个点迹;航迹 a_2 的相关波门内有 b_1 和 b_3 两个点迹。

表5.2给出了相应的点迹-航迹统计间隔矩阵。同样,∞处表示该点迹与该航迹不相关。同理,按照最近领域算法的准则,选取最靠近航迹的点迹与航迹关联配对来更新航迹,则点迹 b_1 与航迹 a_1 配对,点迹 b_1 与航迹 a_2 配对,点迹 b_3 与航迹 a_3 配对。从图5.6可以发现,航迹 a_1 和 a_3 争夺同一个点迹 b_1,所以在每次航迹与点迹关联后,首先检查此点迹是否还落在其他波门内,如果是,则去掉这些关联。如在图5.6中,在点迹 b_1 与航迹 a_1 配对成功,将所有与点迹 b_1 的关联去掉,如此航迹 a_2 只能与次靠近的点迹 b_2 配对,从而解决航迹 a_1 和 a_2 争夺点迹

b_1 的问题。

表 5.2　点迹–航迹统计间隔矩阵 2

航迹	点迹		
	b_1	b_2	b_3
a_1	1.30	∞	∞
a_2	0.75	1.15	2.30
a_3	2.20	∞	1.45

假设待关联点迹个数为 N 个，待启动点迹个数为 M 个，首先依次求取待关联点迹和待启动点迹之间的互联值，填入互联表。如图 5.7 所示，圆圈表示存在互联，差号表示不存在互联性。在实际情况中，会有单个待关联点迹与多个待启动点迹之间存在关联，也会有多个待关联点迹与单个待启动点迹之间存在关联。比如，待关联点迹 4 和待启动点迹 1、2 存在关联，待启动点迹 1 同时和待关联点迹 1、4、N 存在关联性。在工程应用中，为简化实现方法，采用最近邻域算法（即选择和待启动点迹最近的待关联点迹），而舍弃其他待关联点迹，舍弃过程如图 5.7 中深色区域所示，直接对最小值所在的整行和整列剩余点迹进行清除。该方法带来的缺陷是有可能关联到错误的点迹，降低航迹起始正确率。

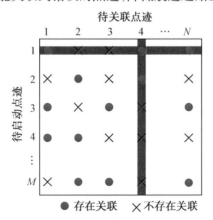

图 5.7　最近邻域算法示意图

5.2　雷达数据处理 MATLAB 仿真实现

该部分实现的雷达数据处理仿真实例是通过软件的方法建立雷达数据处理模型，复现完整的雷达数据处理过程的。仿真实例的目的是为了验证雷达数据

第 5 章 典型相控阵雷达数据处理技术的实现方法及 MATLAB 仿真

处理方法的有效性和适用性。实例中为模拟空中不同飞行目标,仿真产生了 6 个位置、速度及飞行轨迹均不同的原始数据,并叠加观测噪声,通过数据处理得到航迹数据,并通过图形化将结果显示。主函数具体 MATLAB 代码见参考程序 5-1。

5.2.1 主函数

主函数中能根据各种航迹的运动方程产生直角坐标系下的轨迹,然后利用坐标系转换,将直角坐标系的值转换为极坐标系的值,即距离、方位角、俯仰角。值得注意的是,转换过程中要考虑象限问题,当方位角处于二三象限时,方位角需加上一个 π,这样得到的是目标在极坐标系下的真实值,然后加上高斯白噪声,噪声的方差自行设定,即观测噪声,这样就得到目标在极坐标系下的观测值(距离、方位角、俯仰角)。对于虚假目标的产生,在距离、方位角、俯仰角三个方面分别产生随机噪声,而漏警的情况直接将该相关处理间隔(coherent procassing intervel,CPI)的数据置空。得到观测值后,进行 CPI 的循环和数据处理。

5.2.2 数据处理函数

数据处理函数 datatreat 说明见表 5.3。

表 5.3 数据处理函数 datatreat 说明

名 称	具体说明	
功能函数	Function [track_data_output , trust_track,temp_point , time_accumulate , number_of_track] = datatreat (track_data_output, range_vect , ci , ts , trust_track , temp_point , time_accumulate , number_of_track)	
实现功能	对每次输入的点迹进行数据处理,包括航迹起始、点迹航迹关联、航迹补点、航迹消亡、剩余点迹删除等,形成可靠航迹输出	
输入参数	range_vect	每一行的第一列为距离,第二列为方位角,第三列为俯仰角,第四列为通道号
	ts	采样时间间隔
	ci	处理的是第几批数据
输出参数	track_data_output	该批次数据处理完毕后,输出的航迹信息
	trust_track	可靠航迹文件,存储已经形成的可靠航迹的信息
	temp_point	暂时点迹文件,存储航迹起始和点迹航迹关联时没有用到的点迹
	time_accumulate	积累的时间
	number_of_track	已经形成的航迹数

首先设置数据预处理的滤波门限，由实际情况而定，具体流程如图 5.8 所示。其中调用了航迹起始函数 track_start、点迹航迹关联函数 point_track_association、航迹补点函数 point_supplement、航迹消亡函数 track_die_out。

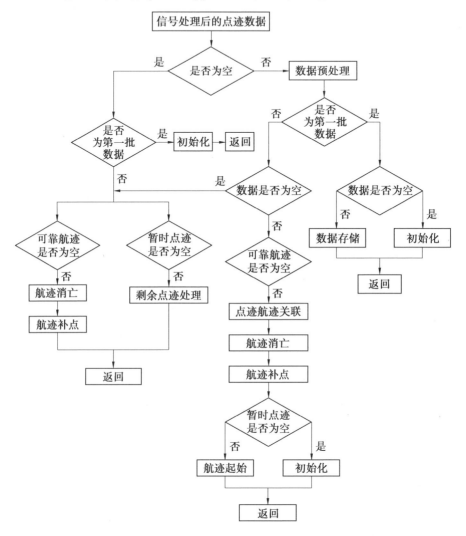

图 5.8　函数 datatreat 具体流程

（1）首先判断信号处理后的点迹数据是否为空，如果不为空，进行数据预处理，即滤波，保留滤波门限范围内的数据，去除滤波门限范围外的数据，将通过滤波后的数据存入存储器中，以待下一步操作。

（2）接着判断输入数据的批次。如果是第一批数据，且为空，则对所需数据进行初始化；若不为空，则将数据信息进行存储，存入 temp_point 矩阵中。

(3) 如果不是第一批数据且为空，则当暂时点迹非空时，进行剩余点迹处理；当可靠航迹非空时，进行航迹消亡及航迹补点。如果不是第一批数据且不为空，则当可靠航迹非空时，依次进行点迹航迹关联、航迹消亡及航迹补点，同时当暂时点迹文件非空时调用航迹起始程序。

(4) 如果信号处理后的数据为空，则判断输入数据的批次。如果是第一批数据，进行初始化；如果不是第一批数据，则当暂时点迹非空时，进行剩余点迹处理，当可靠航迹非空时，进行航迹消亡及航迹补点。

5.2.3 航迹显示函数

航迹显示函数 draw_track 说明见表5.4。

表5.4 航迹显示函数 **draw_track** 说明

名称	具体说明	
功能函数	function draw_track（track_data_output，number_of_track）	
实现功能	在极坐标系下画出所有航迹，并区分实点与补点	
输出参数	track_data_output	该批次数据处理完毕后，输出的航迹信息
	number_of_track	已经形成的航迹数

当形成的航迹数大于零时，进行航迹显示。依次画出每一条航迹的信息，首先找出该条航迹所有点的信息，然后根据识别实点与补点的标志位，将实点信息与补点信息进行分离。画图时，采用不同的形状和颜色区分该条航迹上的实点与补点。

5.2.4 航迹起始函数

航迹起始函数 track_start 说明见表5.5。

表5.5 航迹起始函数 **track_start** 说明

名称	具体说明
功能函数	function［temp_point，trust_track，track_data_output，number_of_track］= track_start（temp_point，point_now，trust_track，K_start，time_accumulate，ts，sigma_r，sigma_a，sigma_e，track_data_output，number_of_track）
实现功能	采用滑窗法，将满足一定要求的两个点迹关联成一条航迹，如果某一点迹跟暂时点迹中的点迹关联上，则它不能再跟其他点迹进行关联，以保证每个点迹只被使用一次

续表5.5

名称		具体说明
输入参数	temp_point	暂时点迹文件
	point_now	采样时间间隔
	trust_track	处理的是第几批数据
	K_start	用于调整航迹起始波门的大小
	time_accumulate	从第一批数据到此批数据所经过的时间
	ts	每两批数据之间的间隔时间
	sigma_r	距离观测噪声标准差
	sigma_a	方位角观测噪声标准差
	sigma_e	俯仰角观测噪声标准差
	track_data_output	该批次数据处理完毕后,输出的航迹信息
输出参数	track_data_output	该批次数据处理完毕后,输出的航迹信息
	trust_track	可靠航迹文件,存储已经形成的可靠航迹的信息
	temp_point	暂时点迹文件,存储航迹起始和点迹航迹关联时没有用到的点迹
	track_data_output	该批次数据处理完毕后,输出的航迹信息
	number_of_track	已经形成的航迹数

航迹起始在暂时点迹文件与当前 CPI 经过点迹航迹关联后的剩余点迹文件中进行,依次查询两个矩阵中的点迹,当两个点迹各方面之差满足波门大小时,认为航迹起始成功,并初始化卡尔曼滤波器,将起始成功后的航迹信息进行存储。

5.2.5 点迹航迹关联函数

点迹航迹关联 point_track_association 说明见表5.6。

第 5 章 典型相控阵雷达数据处理技术的实现方法及 MATLAB 仿真

表 5.6 点迹航迹关联 point_track_association 说明

名称	具体说明	
功能函数	function[trust_track, point_now, track_data_output] = point_track_association (point_now, trust_track, track_data_output, ts, K_association, time_accumulate)	
实现功能	点迹航迹关联程序,输入数据与可靠航迹关联,能够关联上的更新可靠航迹,否则存入暂时点迹文件,用于航迹起始,或者最后成为噪声,一个点迹只能关联一个航迹,即最先与该点关联上的航迹,用该点来更新该航迹	
输入参数	point_now	经过基本门限滤波后剩余点迹
	trust_track	可靠航迹文件
	track_data_output	该批次数据处理完毕后,输出的航迹信息
	ts	每两批数据之间的间隔时间
	K_association	用来调节波门大小
	time_accumulate	积累的时间
输出参数	track_data_output	该批次数据处理完毕后,输出的航迹信息
	trust_track	可靠航迹文件,存储已经形成的可靠航迹的信息
	point_now	采样时间间隔

点迹航迹关联在当前 CPI 数据预处理后的点迹与已形成的航迹之间进行,依次对每条航迹进行循环,查找关联上的点迹,并将点迹进行滤波后更新航迹。

5.2.6 航迹补点函数

航迹补点函数 point_supplement 说明见表 5.7。

表 5.7 航迹补点函数 point_supplement 说明

名称	具体说明
功能函数	function[trust_track, track_data_output] = point_supplement(trust_track, track_data_output, ts, time_accumulate)
实现功能	当航迹未得到实测点迹更新,则采取航迹补点,即用航迹的最后一个点迹的卡尔曼预测值作为更新点迹

续表5.7

名称		具体说明
输入参数	track_data_output	该批次数据处理完毕后,输出的航迹信息
	trust_track	可靠航迹文件
	ts	每两批数据之间的间隔时间
	time_accumulate	积累的时间
输出参数	track_data_output	该批次数据处理完毕后,输出的航迹信息
	trust_track	可靠航迹文件,存储已经形成的可靠航迹的信息

5.2.7 航迹消亡函数

航迹消亡函数 track_die_out 说明见表5.8。

表5.8 航迹消亡函数 track_die_out 说明

名称		具体说明
功能函数		function[trust_track,track_data_output,number_of_track] = track_die_out(trust_track,track_data_output,number_of_track)
实现功能		当未用实点更新次数达到该航迹消亡门限值时,该条航迹消亡,删除该条航迹的所有信息
输入参数	track_data_output	输出的航迹信息
	trust_track	可靠航迹文件
	number_of_track	已经形成的航迹数
输出参数	number_of_track	已经形成的航迹数
	trust_track	可靠航迹文件,存储已经形成的可靠航迹的信息
	track_data_output	该批次数据处理完毕后,输出的航迹信息

5.2.8 仿真结果

图5.9所示为经过数据处理后的目标航迹。从对比结果来看,滤波后的航迹与原始航迹保持一致,验证模型数据处理方法正确有效。

第5章 典型相控阵雷达数据处理技术的实现方法及 MATLAB 仿真

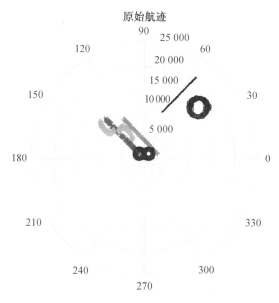

图 5.9　航迹显示(彩图见附录 2)

5.3　多功能相控阵雷达系统建模仿真

借助 MATLAB 平台,仿真多功能相控阵雷达系统,实现雷达事件调度、数据处理、航迹管理等相控阵雷达关键功能,完成以下几项工作。

(1)按照三角形、矩形排列方式,完成空域波位编排,输出正弦空间坐标系、雷达站球坐标系内的波位编排表。考虑跟踪、确认、失跟、搜索四种典型雷达事件,在考虑静态优先级顺序的基础上,兼顾四类波束请求数量,完成雷达自适应调度仿真。设计多目标航迹管理方法,包括航迹起始、航迹终结、航迹关联、状态预测与更新等完整的过程。

(2)对相控阵雷达四种工作方式切换逻辑进行设计,配合雷达自适应调度,能够满足相控阵雷达在多目标环境中搜索、确认、跟踪目标的多类型任务。通过引入当前统计模型,改善卡尔曼滤波器的性能,尤其是在目标大机动场景下能够更加准确地预测、估计目标位置,从而为波束指向确定奠定良好基础。

(3)设定典型多目标实验场景,结合给定的雷达战技参数,开展事件调度与多目标航迹管理仿真,同时对二维波束电扫模式进行直观展示,进一步通过雷达 P 显、一次/二次信息等综合显示,完整地展现相控阵雷达系统的工作过程。

5.3.1 雷达资源调度

雷达调度中所有候选的雷达事件称为波束照射请求,该请求的来源一般有两个:搜索类请求来自雷达的搜索波位编排模块,其他类型的请求来自雷达数据处理模块。仿真过程中,雷达调度模块为每一个类型的事件设置一个请求链表,搜索照射请求链表由雷达的搜索波位编排模块负责更新,其他链表由雷达数据处理模块负责更新。

图 5.10 所示为雷达自适应调度的处理流程。在每一次调度处理中,雷达按

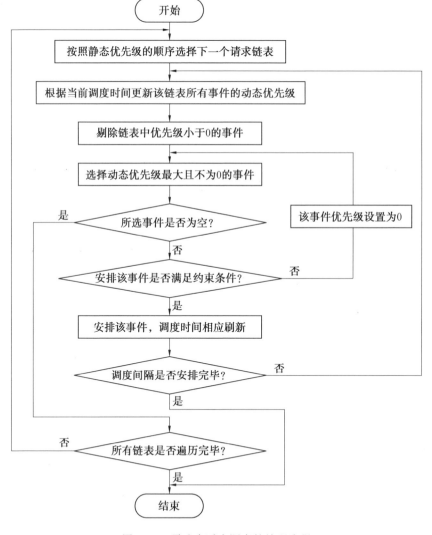

图 5.10　雷达自适应调度的处理流程

第5章 典型相控阵雷达数据处理技术的实现方法及 MATLAB 仿真

照静态优先级的顺序依次选择链表进行安排,只有当前链表中所有满足安排条件的事件被安排完毕,才进行下一个链表的安排。在安排每一个链表的事件时,每一次都需要根据更新后的当前调度时间实时计算刷新链表内事件的优先级,并剔除其中优先级小于 0 的事件,因为根据前面的优先级计算方法可知,优先级小于 0 的事件实质上已经过期,没有安排的可能。找出链表中优先级最大且不为 0 的事件后,对其进行约束条件的判定,如果满足则最终安排,再继续刷新优先级选择事件,否则该事件不适合当前被安排,将其优先级设为 0,等待后续考虑。

当前调度时间从调度间隔的起点时刻开始,直到调度间隔的终点结束,它表征调度间隔内已经被安排的长度。

从图 5.10 中可以看出,在每一次调度处理中,雷达按照静态优先级的顺序依次选择链表进行安排,只有当前链表中所有满足安排条件的事件被安排完毕,才进行下一个链表的安排。当跟踪、确认、失跟三种类型的波束请求数量很多时,有可能出现搜索任务一直无法安排的情况。

针对上述问题,在图 5.10 的基础上进行一定程度的修正,具体包括以下四个步骤。

(1)根据相控阵雷达空域监视帧周期,结合每个调度周期内的最大执行事件数目、空域波位编排数目,计算出每个调度周期内需要安排例行搜索的平均数,即

$$N_{\text{SRB}} = \lceil T_s \cdot N_{\text{beam}} / T_{\text{scan}} \rceil \tag{5.5}$$

式中,T_s、N_{beam}、T_{scan} 分别为雷达事件调度周期、空域波位编排数目(详见第 3 章所述)和空域监视帧周期;$\lceil \cdot \rceil$ 代表向上取整操作。

(2)计算当前各类波束请求数量总数,即

$$N_{\text{total}} = N_{\text{SRB}} + \sum_{i=1}^{4} N_i \tag{5.6}$$

其中,$i = 1,2,3,4$,分别代表跟踪事件(track radar blak,TRB)、确认事件(confirm radar blak,CRB)、失跟事件(lose radar blak,LRB)和空闲事件。

(3)按照比例分配各种类型波束的波位数量,从而在考虑静态优先级顺序的基础上兼顾各类波束请求数量,以实现多种类型的任务。首先计算每个调度周期内的最大事件数目,注意在仿真中假设采用固定长度的波束驻留时间 T_{dwell},则

$$N_{\text{max}} = \lfloor \frac{T_s}{T_{\text{dwell}}} \rfloor \tag{5.7}$$

其中,$\lfloor \cdot \rfloor$ 代表向下取整操作。

分别按照跟踪事件、确认事件、失跟事件的顺序,安排下一调度周期内各类型波束请求最大被执行的数量,即

$$N_{\text{TRB}} = \left\lceil \frac{N_{\max} \cdot N_1}{N_{\text{total}}} \right\rceil$$

$$N_{\text{CRB}} = \left\lceil \frac{N_{\max} \cdot N_2}{N_{\text{total}}} \right\rceil \tag{5.8}$$

$$N_{\text{LRB}} = \left\lceil \frac{N_{\max} \cdot N_3}{N_{\text{total}}} \right\rceil$$

需要注意的是,如果上述最大被执行的数量超过当前各类型波束请求数量,则实际被执行的数目为请求数量。

(4)下一调度周期剩余的时间均安排例行搜索事件,即

$$\hat{N}_{\text{SRB}} = N_{\max} - N_{\text{TRB}} - N_{\text{CRB}} - N_{\text{LRB}} \tag{5.9}$$

式中,$\hat{N}_{\text{SRB}}$ 为下一调度周期实际安排的例行搜索事件,区别于每个调度周期内需要安排例行搜索的平均数 N_{SRB}。因为上述考虑了向上、向下取整操作,如果当前下一调度周期还有剩余时间,则应均安排空闲事件以填满整个调度周期。

在配套仿真程序中,Schedule 这个函数完整地复现上述事件调度流程,其调用方式如下:

function [EventList, SearchLst, ConfirmLst, TrackLst, LostLst, IdleLst] = Schedule(SimTime, SearchLst, ConfirmLst, TrackLst, LostLst, IdleLst, MPARParam)

式中,Schedule 依据当前时间,结合各波束请求列表,统一完成雷达事件调度操作;输入参数有 SimTime(当前仿真时间)、SearchLst(例行(常规)搜索波束请求列表)、ConfirmLst(确认波束请求列表)、TrackLst(粗跟波束请求列表)、LostLst(失跟波束请求列表)、IdleLst(空闲波束请求列表)、MPARParam(相控阵雷达战技参数);输出参数有 EventList(经过调度后的待执行雷达事件列表)、SerachLst(搜索波束请求列表)、ConfirmLst(确认波束请求列表)、TrackLst(跟踪波束请求列表)、LostLst(失跟波束请求列表)、IdleLst(空闲类型的波束请求列表)。

5.3.2 雷达波位编排

相控阵雷达波位编排的功能是对一个给定的监视空域进行照射波位编排,为相控阵雷达的波位扫描提供搜索波位表。不同于传统的机械扫描雷达,相控阵雷达在探测目标时存在如下问题。

(1)天线波束宽度随着扫描角(即偏离阵面法线的夹角)变化,导致波束排列不均匀。

(2)阵面调节后导致波束宽度发生变化。

(3)波束在空间中的切换(移动)是离散的,存在最小波束跃度。

为了解决上述问题,需要进行预先的波位编排,才能使雷达性能满足指标要

求。同时通过进行波位编排,确定各波位位置,预先计算并存储相应的波控码,在波束调度时直接调用波控码,能够快速响应波控速度,无需再重复计算各阵元的附加相移量。

对于给定的搜索监视空域,所需要的波位数除了与波位参数有关以外,还与波位排列方式密切相关,波位排列方式的选择应该在波位数与覆盖范围内的平均增益损失之间折中考虑。在设计波位排列时,临近的两个波位直径距离越大,雷达完成对整个监视空域扫描的时间就越短,但会有很多区域被漏检,使得所指定区域平均波束增益损失较多。

实际中,多采用三种方式进行波位排列,即列状波束(矩形排列)、交错波束(三角形排列)和低损耗点波束(交叠排列)。三种波位编排各有优点,列状波位编排所需要的波位数最少,但它的覆盖率较低,当有限的相控阵资源是主要矛盾时,或者目标分布密度较小时可以考虑这种排列方式;低损耗点波位编排虽然覆盖率高,但重叠率也高,容易造成对目标的冗余探测,反而增加了后续航迹管理的难度,限制其应用范围;交错波位编排的 3 dB 覆盖率达到 90% 左右,同时重叠率为 0,波位个数与覆盖范围内的平均增益损失这两种性能达到了较好的平衡,是一种常见的波位编排样式。在本建模仿真中,主要采用这种方式进行空域波位编排。

将波位编排描述为以下五个具体步骤。

(1)根据雷达预设的监视区域范围,包括方位扫描范围、俯仰扫描范围,通过坐标变换,将其变换至正弦空间坐标系内,即完成探测空域轮廓,并将其映射至正弦坐标空间。

(2)根据正弦空间内的波束宽度、预设的波束排列方式(如矩形排列、三角形排列、交叠排列等),在正弦空间内安排各波位,计算各波位的中心坐标。

(3)将各波位的中心坐标通过坐标转换,一般需要转换两次,首先转至天线阵面坐标系,然后转至雷达站坐标系内。

(4)通过方位、俯仰二维检测,检验该波位是否落入雷达预设的监视区域范围内,如果落入监视区域内,则将波位位置存入正弦空间波位编排列表中,否则将丢弃。

(5)逐一执行上述操作,生成整个正弦空间的波位编排列表,并通过坐标转换,将其变换至雷达站坐标系,便于后续进行事件调度使用。

在实际过程中,还需要根据波位编排列表中的每一个波位,对应生成波控码,以提高波控相应速度,在数字仿真中暂时不考虑。

利用上述五个步骤,给出具体的波位编排实例,详见 BeamArrange 函数,它的调用形式如下:

function BeamLst = BeamArrange(MPARParam)

其中,BeamArrange 为执行波位编排操作,输出完整的波位编排列表,供执行常规搜索使用;输入参数有 MPARParam(相控阵雷达技战术参数);输出参数有 BeamLst(经过编排的搜索波位列表)。

在正弦空间坐标系内进行波位编排,得到如图 5.11 所示的结果。通过仿真可以看到,采用三角形排列(交错波位)编排时,其 3 dB 覆盖率能达到 90% 左右,重复率为 0,波位数目也较少,为 911 个。

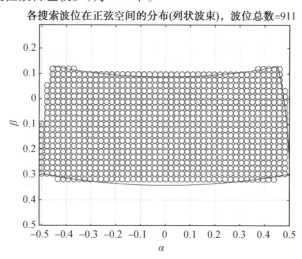

图 5.11 三角形排列下的波位编排结果

相控阵雷达处于搜索工作状态时,要对搜索空域立体角进行扫描,并形成目标检测报告。为了提高对搜索空域中目标的检测概率,一般希望搜索空域立体角内排列的波束不宜过松,以免造成漏检。另外,为了提高雷达搜索数据率,又要求搜索空域立体角内排列的波束不宜过于紧密,安排的波位数目不宜过多。此外,天线阵列排列过密还会增加雷达的冗余探测,导致雷达在目标航迹关联、滤波预测等数据处理负担增加。综上考虑,波位编排要在雷达检测性能损失和搜索数据率之间寻求折中。在大多数实际应用中,通常期望天线波束在搜索空域立体角内均匀排列,并且根据不同的战术要求,天线波位序列排列的紧密程度也有所不同。

5.3.3 雷达航迹管理

相控阵雷达提供经过滤波处理的目标当前数据及预测数据,为天线波束指向提供依据,并且提供质量良好的目标航迹,为目标识别和遂行作战任务提供前提。

数据处理接收信号处理设备发送的检测点迹报告,并进行后期处理,使单次探测结果与目标历史信息融合,并利用滤波算法进行实时状态估计,得出可靠性和精度都高于单次探测结果的目标状态估值,从而完成对目标的连续、稳定的跟踪。由于相控阵雷达本身固有的特点,使其在跟踪和处理多机动目标的功能方面具有一般雷达不可比拟的优势,这种优势实际上是建立在其数据处理部分强大的跟踪能力和多目标相关处理功能之上的。因此,相控阵雷达系统数据处理必须完成以下功能。

(1) 建立目标航迹,并进行航迹管理。

(2) 检测点迹与航迹的配对,即航迹关联。

(3) 目标的跟踪滤波及预测。

采用常用的常速度(constant velocity,CV)模型,在雷达站坐标系内对目标的运动进行建模,即

$$\begin{bmatrix} \dot{X} \\ \dot{V}_x \\ \dot{Y} \\ \dot{V}_y \\ \dot{Z} \\ \dot{V}_z \end{bmatrix} = \begin{bmatrix} 0 & 1 & 0 & 0 & 0 & 0 \\ 0 & 0 & 0 & 0 & 0 & 0 \\ 0 & 0 & 0 & 1 & 0 & 0 \\ 0 & 0 & 0 & 0 & 0 & 0 \\ 0 & 0 & 0 & 0 & 0 & 1 \\ 0 & 0 & 0 & 0 & 0 & 0 \end{bmatrix} \cdot \begin{bmatrix} X \\ V_x \\ Y \\ V_y \\ Z \\ V_z \end{bmatrix} + \begin{bmatrix} 0 & 0 & 0 \\ 1 & 0 & 0 \\ 0 & 0 & 0 \\ 0 & 1 & 0 \\ 0 & 0 & 0 \\ 0 & 0 & 1 \end{bmatrix} \cdot \begin{bmatrix} q & 0 & 0 \\ 0 & q & 0 \\ 0 & 0 & q \end{bmatrix} \quad (5.10)$$

在式(5.10)中,状态变量 X 共六维,包括目标三轴位置和速度分量,q 为状态方程建模噪声误差,代表了利用 CV 模型描述目标未知机动时产生的误差。

对上述采用连续时间形式表述的微分方程进行离散化,离散时间间隔取为仿真推进步长,即调度周期,得到如下所示的系统状态方程

$$X(k+1) = \boldsymbol{\Phi} X(k) + \boldsymbol{Q} w(k) \quad (5.11)$$

式中,$\boldsymbol{\Phi}$ 为转移矩阵;$\boldsymbol{Q}$ 为建模误差矩阵;$w(k)$ 为零均值、标准差为 q 的白噪声序列。程序中直接采用 FN_LTIDisc 函数对连续时间形式表述的微分方程进行离散化,可以直接获取转移矩阵、建模误差矩阵,矩阵中各元素表达式不再详细列出。

一般,雷达系统对目标的观测值包括距离、方位角和俯仰角,它们与状态变量之间为非线性关系,如果选用距离、方位角和俯仰角作为观测量,将会产生非线性量测的问题,需要通过 Taylor 序列展开的前几项来近似,即

$$h(x) \approx h(\bar{x}) + \frac{\partial h}{\partial x}\bigg|_{x=\bar{x}} (x - \bar{x}) \quad (5.12)$$

为简化仿真,将原始的距离、方位角和俯仰角三维测量值转换为雷达站坐标系内目标的三轴位置分量,即 X、Y、Z,直接用离散时间形式,建立如下所示的观

测方程：

$$\begin{bmatrix} X_k \\ Y_k \\ Z_k \end{bmatrix} = \begin{bmatrix} 1 & 0 & 0 & 0 & 0 & 0 \\ 0 & 0 & 1 & 0 & 0 & 0 \\ 0 & 0 & 0 & 0 & 1 & 0 \end{bmatrix} \cdot \begin{bmatrix} X \\ V_x \\ Y \\ V_y \\ Z \\ V_z \end{bmatrix} + \begin{bmatrix} r^2 & 0 & 0 \\ 0 & r^2 & 0 \\ 0 & 0 & r^2 \end{bmatrix} \qquad (5.13)$$

式中，r 为预设的雷达系统距离测量误差。

上面已经建立了卡尔曼滤波的状态方程、观测方程，可以采用标准的滤波流程进行目标状态的预测和更新操作，具体不再赘述，程序中使用 TrackFilter 函数对该过程进行复现，如下代码所示。

```
function STTFilter = TrackFilter(STTFilter, Param, Meas, Flag)
% 输入参数有 STTFilter(单目标跟踪滤波器相关状态)、Param(单目标跟踪
滤波器相关参数)、Meas(当前测量值(从探测点迹中获取))、Flag(执行标识(预
测/更新))；输出参数有 STTFilter(更新后的单目标跟踪滤波器)
PHI = Param.PHI;     % 状态转移矩阵
Q = Param.Q;         % 状态方程建模误差协方差矩阵
H = Param.H;         % 观测方程
RR = Param.RR;       % 观测噪声协方差矩阵
if strcmp(Flag, 'PREDICT')
    STTFilter.M = PHI * STTFilter.M;              % 更新预测状态
    STTFilter.P = PHI * STTFilter.P * PHI' + Q;   % 预测协方差
end
if strcmp(Flag, 'UPDATE')
    Zk = zeros(3,1);
    Zk(1) = Meas.r * cos(Meas.el) * cos(Meas.az);
    Zk(2) = Meas.r * sin(Meas.el);
    Zk(3) = Meas.r * cos(Meas.el) * sin(Meas.az);
    IM = H * STTFilter.M;
    IS = RR + H * STTFilter.P * H';       % 新息矩阵
    K = STTFilter.P * H' / IS;            % 计算 Kalman 增益值
    STTFilter.M = STTFilter.M + K * (Zk - IM);
    STTFilter.P = STTFilter.P - K * H * STTFilter.P;
end
end
```

5.3.4 仿真实现效果

雷达 PPI 显如图 5.12 所示，8 批目标均形成稳定航迹。

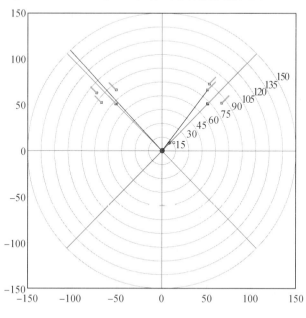

图 5.12　雷达 PPI 显（彩图见附录 2）

在图 5.13 中给出了资源占有率，从图中可以看出，由于杂波点迹导致搜索资源跳动较大，而跟踪资源较稳定。

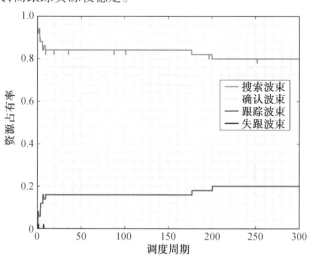

图 5.13　资源占有率（彩图见附录 2）

5.4　本章小结

本章首先从雷达数据处理工程实现的角度系统介绍目标航迹的启动、多目标点航迹的关联、目标点航迹的清除、多目标航迹的分辨等处理方法，其次结合 MATLAB 的仿真事例对雷达数据处理进行仿真实现。通过仿真介绍，进一步明晰数据处理环节中的处理过程，有助于读者进一步了解其中的细节。

参考程序

【程序 5-1】

```
close all;clear all;clc;
% 主程序首先产生6条航迹：直线航迹1、圆航迹、直线航迹2、直线航迹3、8
  字航迹、椭圆航迹，接着进行数据处理，并将结果进行显示
% 程序中距离的单位为 m，速度的单位为 m/s，角度的单位为(°)
% 程序中的通道号并未用到，故所有通道号都取1
T=1;                % 一个 CPI 的时间
Rx0=4 000;          % 目标在 x 轴上的起始距离,m
Ry0=10 000;         % 目标在 y 轴上的起始距离
Rz0=1 000;          % 目标在 z 轴上的起始距离
vx=50;              % 目标在 x 轴上的速度,m/s
vy=50;              % 目标在 y 轴上的速度
vz=50;              % 目标在 z 轴上的速度
sigma_r=10;         % 目标距离的观测噪声标准差
sigma_t=3e-3;       % 目标方位角的观测噪声标准差
sigma_p=1e-3;       % 目标俯仰角的观测噪声标准差
N=150;              % 共150个点,即共有150个 CPI
noise=randn(1,N);   % 用来产生高斯白噪声
load qq noise;
for k=1:N
    tmp_Rx(k)=Rx0+vx*(k-1)*T;    % 目标在 x 轴上的真实运动轨迹
    tmp_Ry(k)=Ry0+vy*(k-1)*T;    % 目标在 y 轴上的真实运动轨迹
```

```
        tmp_Rz(k)=Rz0+vz*(k-1)*T;  %目标在z轴上的真实运动轨迹
        Rr(k)=sqrt(tmp_Rx(k)^2+tmp_Ry(k)^2+tmp_Rz(k)^2);
    %将目标运动轨迹转换为极坐标系下的值,目标的径向距离
        phi(k)=atan(tmp_Rz(k)/sqrt(tmp_Rx(k)^2+tmp_Ry(k)^2));
    %目标的俯仰角
        theta(k)=atan(tmp_Ry(k)/tmp_Rx(k));  %目标的方位角
        if((tmp_Rx(k)>=0 & tmp_Ry(k)>=0)|(tmp_Rx(k)>=0 & tmp_Ry
        (k)<0))
    %进行坐标系转换时需考虑象限的问题,当位于二三象限时,方位角需
        要加上一个pi
            theta(k)=theta(k);
        else theta(k)=theta(k)+pi;
        end
    end
Rr_observe=Rr+sigma_r*noise;  %将目标的真实运动轨迹加上观测噪声,
                               即目标的观测值
theta_observe=theta+sigma_t*noise;
phi_observe=phi+sigma_p*noise;
R_xy_observe=Rr_observe.*abs(cos(phi_observe));
figure(2);  %将数据处理前的航迹画出来
polar(theta_observe,R_xy_observe,'k.');
title('原始航迹');hold on;
DBF=ones(N,1);  %代表通道号,本系统未用到,故所有通道号均取1
range_vect_line1=[Rr_observe',theta_observe',phi_observe',DBF];
T=1;  %一个CPI的时间
Rx0=12000;  %目标在x轴上的起始距离
Ry0=11000;  %目标在y轴上的起始距离
Rz0=11000;  %目标在z轴上的起始距离
v=100;  %目标的速度
w=0.05;  %目标的角速度,圆的半径=v/w
sigma_r=10;  %目标距离的观测噪声标准差
sigma_t=1e-2;  %目标方位角的观测噪声标准差
sigma_p=1e-2;  %目标俯仰角的观测噪声标准差
for k=1:N
    tmp_Rx(k)=Rx0+v/w*cos(w*(k-1)*T);  %目标在x轴上的真实
```

```
        tmp_Ry(k) = Ry0+v/w*sin(w*(k-1)*T);    %目标在y轴上的真实
                                                 运动轨迹
        tmp_Rz(k) = Rz0;    %目标在z轴上的真实运动轨迹
        Rr(k) = sqrt(tmp_Rx(k)^2+tmp_Ry(k)^2+tmp_Rz(k)^2);
        %将目标运动轨迹转换为极坐标系下的值,目标的径向距离
        phi(k) = atan(tmp_Rz(k)/sqrt(tmp_Rx(k)^2+tmp_Ry(k)^2));
        %目标的俯仰角
        theta(k) = atan(tmp_Ry(k)/tmp_Rx(k));    %目标的方位角
        if((tmp_Rx(k)>=0 & tmp_Ry(k)>=0)|(tmp_Rx(k)>=0 & tmp_Ry
        (k)<0))    %进行坐标系转换时需考虑象限的问题,当位于二三象限
                    时,方位角需要加上一个pi
            theta(k) = theta(k);
        else theta(k) = theta(k)+pi;
        end
end
Rr_observe = Rr+sigma_r*noise;    %将目标的真实运动轨迹加上观测噪声,
                                    即目标的观测值
theta_observe = theta+sigma_t*noise;
phi_observe = phi+sigma_p*noise;
R_xy_observe = Rr_observe.*abs(cos(phi_observe));
polar(theta_observe,R_xy_observe,'bo');hold on;
DBF = ones(N,1);
range_vect_circle = [Rr_observe',theta_observe',phi_observe',DBF];
Rx0 = -1000;
Ry0 = 1000;
Rz0 = 1000;
vx = -50;
vy = 50;
vz = 50;
sigma_r = 1e-2;
sigma_t = 1e-2;
sigma_p = 1e-2;
for k = 1:N
    tmp_Rx(k) = Rx0+vx*(k-1)*T;    %目标在x轴上的真实运动轨迹
```

```
    tmp_Ry(k)= Ry0+vy*(k-1)*T;    %目标在y轴上的真实运动轨迹
    tmp_Rz(k)= Rz0+vz*(k-1)*T;    %目标在z轴上的真实运动轨迹
    Rr(k)= sqrt(tmp_Rx(k)^2+tmp_Ry(k)^2+tmp_Rz(k)^2);
    phi(k)= atan(tmp_Rz(k)/sqrt(tmp_Rx(k)^2+tmp_Ry(k)^2));
    theta(k)= atan(tmp_Ry(k)/tmp_Rx(k));
    if((tmp_Rx(k)>=0 & tmp_Ry(k)>=0)|(tmp_Rx(k)>=0 & tmp_Ry(k)<0))
        theta(k)= theta(k);
    else theta(k)= theta(k)+pi;
    end
end

Rr_observe = Rr+sigma_r*noise;
theta_observe = theta+sigma_t*noise;
phi_observe = phi+sigma_p*noise;
R_xy_observe = Rr_observe.*abs(cos(phi_observe));
polar(theta_observe,R_xy_observe,'rx');hold on;
DBF = ones(N,1);
range_vect_line2 =[Rr_observe',theta_observe',phi_observe',DBF];
Rx0 = 3000;
Ry0 = 1000;
Rz0 = 1000;
vx = -50;
vy = 50;
vz = 50;
sigma_r = 10;
sigma_t = 1e-2;
sigma_p = 1e-2;
for k = 1:N
    tmp_Rx(k)= Rx0+vx*(k-1)*T;    %目标在x轴上的真实运动轨迹
    tmp_Ry(k)= Ry0+vy*(k-1)*T;    %目标在y轴上的真实运动轨迹
    tmp_Rz(k)= Rz0+vz*(k-1)*T;    %目标在z轴上的真实运动轨迹
    Rr(k)= sqrt(tmp_Rx(k)^2+tmp_Ry(k)^2+tmp_Rz(k)^2);
    phi(k)= atan(tmp_Rz(k)/sqrt(tmp_Rx(k)^2+tmp_Ry(k)^2));
    theta(k)= atan(tmp_Ry(k)/tmp_Rx(k));
```

```
        if((tmp_Rx(k)>=0 & tmp_Ry(k)>=0)|(tmp_Rx(k)>=0 & tmp_Ry(k)<0))
            theta(k)=theta(k);
        else theta(k)=theta(k)+pi;
        end
    end

    Rr_observe=Rr+sigma_r*noise;
    theta_observe=theta+sigma_t*noise;
    phi_observe=phi+sigma_p*noise;
    R_xy_observe=Rr_observe.*abs(cos(phi_observe));
    polar(theta_observe,R_xy_observe,'g+');hold on;
    DBF=ones(N,1);
    range_vect_line3=[Rr_observe',theta_observe',phi_observe',DBF];
    sigma_r=10;       %目标距离的观测噪声标准差
    sigma_t=1e-2;     %目标方位角的观测噪声标准差
    sigma_p=1e-2;     %目标俯仰角的观测噪声标准差
    dist_8eye1=1000*sqrt(3);    %一号圆心的距离
    azimuth_8eye1=pi/4;         %一号圆心的方位
    dist_8eye2=1000*sqrt(3);    %二号圆心的距离
    azimuth_8eye2=pi/4*3;       %二号圆心的方位
    height=1000;     %8字轨迹的高度
    v=100;           %目标运动速度
    for k=1:150
        t=k-1;
        pt=EightTrack(dist_8eye1,azimuth_8eye1,dist_8eye2,azimuth_8eye2,
            height,v,t);  %调用8字轨迹函数 EightTrack,该8字形轨迹上t时刻
                          的点的坐标pt
        tmp_Rx(k)=pt(1);      %得到目标直角坐标系下位置
        tmp_Ry(k)=pt(2);
        tmp_Rz(k)=pt(3);
        Rr(k)=sqrt(tmp_Rx(k)^2+tmp_Ry(k)^2+tmp_Rz(k)^2);
        %转换为极坐标下的值
        phi(k)=atan(tmp_Rz(k)/sqrt(tmp_Rx(k)^2+tmp_Ry(k)^2));
        theta(k)=atan(tmp_Ry(k)/tmp_Rx(k));
```

```matlab
        if(((tmp_Rx(k)>=0 & tmp_Ry(k)>=0)|(tmp_Rx(k)>=0 & tmp_Ry(k)<0))
            theta(k)=theta(k);
        else theta(k)=theta(k)+pi;
        end
end
Rr_observe=Rr+sigma_r*noise;   %加上噪声得到观测值
theta_observe=theta+sigma_t*noise;
phi_observe=phi+sigma_p*noise;
R_xy_observe=Rr_observe.*abs(cos(phi_observe));
polar(theta_observe,R_xy_observe,'b*');hold on;
DBF=ones(N,1);
range_vect_8=[Rr_observe',theta_observe',phi_observe',DBF];
sigma_r=10;   %目标距离的观测噪声标准差
sigma_t=1e-2;   %目标方位角的观测噪声标准差
sigma_p=1e-2;   %目标俯仰角的观测噪声标准差
N=150;
dist_ellieye=5000*sqrt(3);   %椭圆中心的距离
azimuth_ellieye=pi/4*3;   %椭圆中心的方位
len_laxis=2000;   %椭圆长轴的长度
len_saxis=1000;   %椭圆短轴的长度
height=1000;   %椭圆的高度
v=100;   %目标运动速度
for k=1:150
    t=k-1;
    pt=EllipseTrack(dist_ellieye,azimuth_ellieye,len_laxis,len_saxis,height,v,t);   %调用椭圆轨迹函数 EllipseTrack,得到该椭圆轨迹上 t 时刻的
                                                                                    点的坐标 pt
    tmp_Rx(k)=pt(1);   %得到目标直角坐标系下位置
    tmp_Ry(k)=pt(2);
    tmp_Rz(k)=pt(3);
    Rr(k)=sqrt(tmp_Rx(k)^2+tmp_Ry(k)^2+tmp_Rz(k)^2);
    %转换为极坐标下的值
    phi(k)=atan(tmp_Rz(k)/sqrt(tmp_Rx(k)^2+tmp_Ry(k)^2));
    theta(k)=atan(tmp_Ry(k)/tmp_Rx(k));
```

```
        if((tmp_Rx(k)>=0 & tmp_Ry(k)>=0)|(tmp_Rx(k)>=0 & tmp_Ry
(k)<0))
            theta(k)=theta(k);
        else theta(k)=theta(k)+pi;
        end
end
Rr_observe=Rr+sigma_r*noise;       % 加上噪声得到观测值
theta_observe=theta+sigma_t*noise;
phi_observe=phi+sigma_p*noise;
R_xy_observe=Rr_observe.*abs(cos(phi_observe));
polar(theta_observe,R_xy_observe,'cd');hold on;
DBF=ones(N,1);
range_vect_ell=[Rr_observe',theta_observe',phi_observe',DBF];
Rr_observe=1000+sigma_r*noise;      % 在距离向产生高斯白噪声
theta_observe=noise*pi;             % 在方位角向产生高斯白噪声
phi_observe=noise*pi;               % 在俯仰角向产生高斯白噪声
range_vect_noise=[Rr_observe',theta_observe',phi_observe',DBF];
ts=1;                               % 一个 CPI 的时间长度
trust_track=[];
temp_point=[];
time_accumulate=0;
number_of_track=0;
track_data_output=[];
for ci=1:150
    % range_vect1=[range_vect_line(ci,:);range_vect_circle(ci,:);range_
    vect2(ci,:);range_vect3(ci,:)];
    if(ci==20|ci==100)
    %|ci==20|ci==40|ci==60|ci==80|ci==100)
        range_vect=[];
    else
        range_vect=[range_vect_line1(ci,:);range_vect_noise(ci,:)];
    end
    [track_data_output,trust_track,temp_point,time_accumulate,number_of
    _track]=datatreat(track_data_output,range_vect,ci,ts,trust_track,…,
    temp_point,time_accumulate,number_of_track);    % 数据处理主函数
```

```
draw_track(track_data_output, number_of_track);    % 航迹显示
end
```

本章参考文献

[1] 雷达通信电子战公众号. 多功能相控阵雷达系统建模仿真研究报告[R]. (2022-05-01).

[2] 毕增军,徐晨曦,等. 相控阵雷达资源管理技术[M]. 北京:国防工业出版社,2016.

[3] 吴顺君. 雷达信号处理和数据处理技术[M]. 北京:电子工业出版社,2008.

[4] 王德纯,丁家会. 精密跟踪测量雷达技术[M]. 北京:电子工业出版社,2006.

[5] 何友,修建娟. 雷达数据处理及应用[M]. 3版. 北京:电子工业出版社,2013.

[6] 王雪松,肖顺平,冯德军. 现代雷达电子战系统建模与仿真[M]. 北京:电子工业出版社,2010.

[7] 胡卫东,郁文贤,等. 相控阵雷达资源管理的理论与方法[M]. 北京:国防工业出版社,2010.

第6章

雷达模拟训练软件设计

6.1 模拟训练软件简介

6.1.1 开发背景

在信息化发展日新月异的当下,信息化战场已成为未来战争的主战场,谁能主宰信息化战场,谁就能获得胜利。雷达是获取战场信息的主要探测手段,是打赢信息化战争的关键,各国都非常重视雷达的发展。随着高新技术在雷达领域的不断运用,雷达的战术性能不断提升;相对应地,要发挥出雷达战术性能,提高装备的战斗力,关键在于提高雷达操作人员的训练水平。由于新型雷达装备体制新,技术含量高,系统结构复杂,操作、使用专业性更强,对人员的素质和能力提出了更高的要求。传统的训练模式、方法已不能完全适应新装备发展要求,急需创建新的训练模式。随着计算机仿真技术的快速发展,模拟训练已成为武器装备训练的发展趋势。

当前我国雷达模拟训练软件侧重雷达情报的测报训练,针对雷达的操作训练的模拟训练软件较少。为此,针对现阶段的雷达装备训练需求,设计研究一种雷达模拟训练软件。该软件运用计算机模拟仿真及网络实现信号的传输与处理,不模拟信号的幅度和相位信息,其基本思想是运用运动学方程产生目标航迹,运用雷达方程、干扰方程计算出信噪比,运用统计模型(如有关信噪比的检测曲线)确定雷达检测时的发现概率 P_a 和虚警概率 P_f,最终输出雷达检测报告。

6.1.2 功能描述

雷达模拟训练软件主要实现功能性仿真,雷达功能仿真不涉及波形和信号处理的详细内容,功能仿真忽略波形中的细节,方法比较简单实用,容易实现实时仿真,是一种宏观的模拟方法,适合在系统级对抗模拟中对雷达进行建模。

雷达模拟训练软件可模拟产生多种运动轨迹、目标点迹和杂波点迹,通过设置雷达扫描范围、系统时序、波位编排调整数据处理相关设置,实现对目标的搜索和跟踪。可通过 A 显和 P 显及方位-距离显、俯仰-距离显等显示方式观察目标的轨迹。

6.1.3 组成模块图

相控阵雷达模拟器的组成模块如图 6.1 所示,主要由目标生成模块、雷达控制模块、坐标转换模块、通信模块、波束调度模块及显示模块六个模块组成。

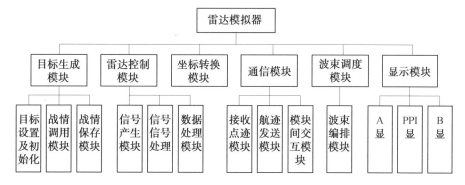

图 6.1 相控阵雷达模拟器的组成模块

6.2 模拟训练软件设计

6.2.1 界面设计

主界面中主要包括七个区域,分别是显示控制区、信息显示区、系统控制区、目标显示区、A 显区、航迹信息列表区、跟踪通道区,如图 6.2 所示。

(1)显示控制区。实现 P 显和 A 显同时显示、A 显单独显示、辅助显示三者之间切换,控制扫描线显示及是否进行扫描。

(2)信息显示区。显示波序号和跟踪个数等。

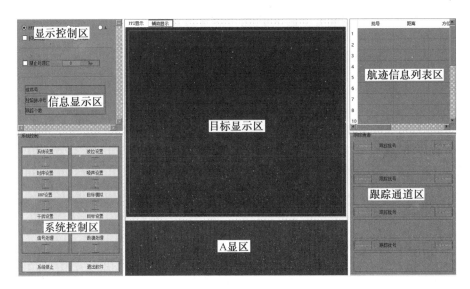

图6.2 主界面

(3) 系统控制区。对系统、时序、目标模拟、数据处理等功能进行设置。

(4) 目标显示区。以 PPI 和方位-距离、俯仰-距离、方位-俯仰四种样式显示目标信息。

(5) A 显区。从整个距离段显示目标回波的幅度。

(6) 航迹信息列表区。显示目标批号、距离、方位、俯仰等信息。

(7) 跟踪通道区。模拟显示跟踪目标的回波幅度。

6.2.2 运动目标模拟

运动目标模拟主要实现对目标参数的设置,包括距离、速度、噪声标准差。通过 Qt 自带的三维显示控件 qChartView 进行三维航迹的预览,结果如图 6.3 所示。

本节简要对其功能实现进行介绍。

1. 实现方法

设计的点迹模拟器功能组成如图 6.4 所示。

在 Qt 中,由于点迹数据量较大,直接采用主线程接收并显示,会导致界面卡顿,解决的方法是使用多线程技术。其中,主线程作为界面显示,并完成目标点迹和杂波参数设置;子线程用作点迹数据生成,并向指定 IP 地址和端口号发送数据。本节对软件功能进行详细介绍。

(1) 雷达数据驱动。

① 仿真控制。完成模拟器的开始、停止等控制。

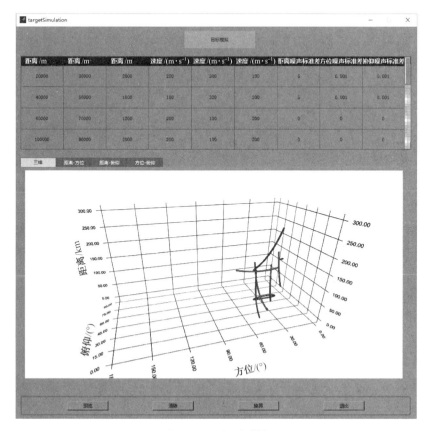

图 6.3　运动目标模拟

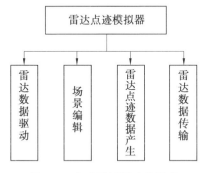

图 6.4　点迹模拟器功能组成

②点迹发送。将点迹发送到数据处理软件。

（2）场景编辑。

①目标设置。设置目标距离、速度、距离误差、方位误差、俯仰误差等参数。

②杂波设置。设置杂波距离、点数、分布等参数。

③扫描帧数。设置雷达扫描帧数。

④传输延时。设置数据传输延时。

（3）雷达点迹数据产生。

①目标设置。根据数学模型和参数要求产生一定航迹的点迹数据。

②杂波设置。根据参数要求产生一定数量的杂波点迹。

（4）雷达数据传输。

①网络IP设置。设置传输IP地址。

②网络端口设置。设置传输端口。

2. 点迹格式

对信号处理进行点迹凝聚后，得到点迹信息后送给主控，主控再转发给数据处理。主控送给数据处理计算机的数据包，最大点迹数为320，具体见表6.1。模拟点迹参数设置中，主要起作用的是数据包类型、帧结束标志、点迹个数、结束时刻及单个点迹参数，其他参数可省略。其中，数据包类型用来区分数据类型，帧结束标志用来表示一帧结束，点迹个数为数据包中的点迹数量，结束时刻为帧结束时间，单个点迹参数主要包括点迹距离、方位、俯仰等测量信息，点迹处理过程如图6.5所示。

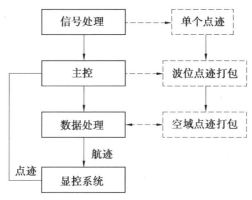

图 6.5 点迹处理过程

表 6.1 单个点迹和数据包结构成员

结构体	结构成员								
单个点迹	属性	频率	幅度	方位	距离	脉宽	波形	合并点迹	照射时刻
数据包	类型	序号	帧结束标志	个数	结束时刻	工作状态	门限	高度	单个点迹

3. 弧形航迹验证

在 Qt 中,完成直线和弧线飞行航迹模型的生成。在直角坐标下完成目标航迹生成函数,并转换至极坐标。假设雷达站心球面坐标为 $(r_k, \theta_k, \varphi_k)$,由目标的地面直角坐标 (x_k, y_k, z_k) 转化为地面极坐标的坐标转换为

$$\begin{cases} r_k = \sqrt{x_r^2 + y_r^2 + z_r^2} \\ \theta_k = \arctan \dfrac{x_r}{y_r} \\ \varphi_k = \arcsin \dfrac{z_r}{\sqrt{x_r^2 + y_r^2 + z_r^2}} \end{cases} \qquad (6.1)$$

弧线飞行航迹数据使用 MATLAB 绘制如图 6.6 所示。

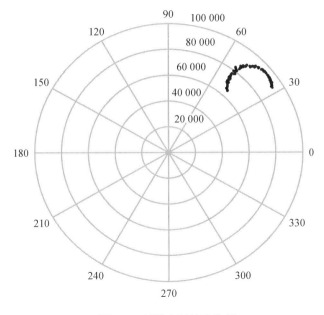

图 6.6 弧线飞行航迹数据

6.2.3 A 显

A 显信息使人们能够直观感受目标强度信息在方位上随距离变化的情况,从而做出更加精准的判断和决策。雷达显示软件为了绘制曲线信息,也采用多种第三方库和插件来解决这个问题。在工程实践中较为常用的有 TeeChart、qwt 等,其中 TeeChart 表现形式丰富,但并不开源,对于开发者而言,开发成本较高; qwt 具有跨平台的属性,代码开源,但在实际应用过程中,一些精细的显示细节不能满足项目需要。本章在 Qt 平台下开发了基于 QCustomPlot 的多曲线窗绘制及

显示方法。QCustomPlot 是一个基于 Qt 的画图和数据可视化 C++ 控件。QCustomPlot 致力于提供美观的界面,高质量的 2D 画图和图表,同时为实时数据可视化应用提供良好的解决方案。其中,QCustomPlot 图表类用于图表的显示和交互;QCPLayer 是一个分层容器,用于管理图层元素,所有可显示的对象都继承自 CPAbstractPlottable 类;绘图元素包含折线图(QCPGraph)、曲线图(QCPCurve)、柱状图(QCPBars)、盒子图(QCPStatiBox)、色谱图(QCPColorMap)、金融图(QCPFinancial)等;QCPAxisRect 用来描述矩形区域,默认包含上下左右四个坐标轴,但可以添加多个坐标轴。

QCustomPlot 的使用方法如下。

(1)解压文件。

解压下载的文件,将下载的 qcustomplot.h 和 qcustomplot.cpp 加入工程中。在使用 qcustomplot 的文件中添加包含头文件:#include "qcustomplot.h"。

(2)拖拽控件提升 qcustomplot 类。

在 UI Designer 中,可以拖动一个 Widget 控件到 ui 设计器上,对这个窗体点击右键,选择"提升为…",如图 6.7 所示。

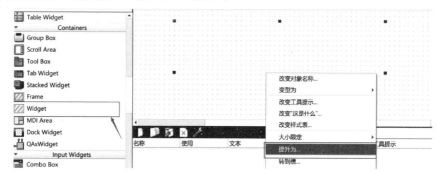

图 6.7　拖动控件提升 qcustomplot 类

然后在弹出的对话框中,在"提升的类名称"输入 QCustomPlot,然后"头文件"会自动填充为 qcustomplot.h。单击"添加"按钮将 QCustomPlot 加入"提升的类"列表中,最后单击"提升",如图 6.8 所示。

(3)添加 printsupport。

如果 Qt 版本在 5.0 以上,需要在.pro 文件中的 QT 变量加上 printsupport,如图 6.9 所示。

A 显如图 6.10 所示。

第 6 章 雷达模拟训练软件设计

图 6.8 提升 qcustomplot 类具体操作

```
QT          += core gui

greaterThan(QT_MAJOR_VERSION, 4): QT += widgets printsupport

CONFIG += c++11

# You can make your code fail to compile if it uses deprecated APIs.
# In order to do so, uncomment the following line.
#DEFINES += QT_DISABLE_DEPRECATED_BEFORE=0x060000    # disables all t
```

图 6.9 添加 printsupport

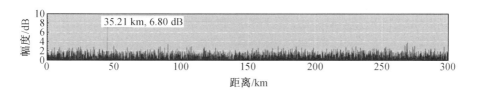

图 6.10 A 显

6.2.4 PPI 显

将 QWidget 提升为 QGraphicsView，对 QGraphicsView 进行重写，加入对 PPI 显的控制，比如拖动、缩放、键盘按键控制、右键菜单。

```
void InteractiveView::mouseMoveEvent(QMouseEvent *event)
{
    MousePos = event->pos();
    emit position(mapToScene(MousePos));
    QPointF xxx(mapToScene(MousePos));
    {
        if(m_bMouseTranslate)
        {
            QPointF
              mouseDelta = mapToScene(MousePos) - mapToScene(m_last-
              MousePos);
            translate(mouseDelta);
            m_lastMousePos = event->pos();
        }
    }
    QGraphicsView::mouseMoveEvent(event);
}
void InteractiveView::zoom(float scaleFactor)
{
    qreal
    factor = transform().scale(scaleFactor,scaleFactor).mapRect(QRectF(0,
    0,1,1)).width();
    if(factor<0.5||factor>8)
        return;
    scale(scaleFactor,scaleFactor);
    m_scale *= scaleFactor;
}
```

继承 QGraphicsScene 进行重写，在场景中通过槽函数进行目标信息接收、PPI 绘制、目标绘制、扫描线绘制等事件。主要的槽函数如下。

```
public slots:
    void getSelectZoom(QRectF &zoom);    //获取选择区域
```

```cpp
        void addScannerLine();       //添加扫描线
        void displayScannerZoom();   //显示扫描区域
        void startScan();            //开始扫描
        void rotateAntenna();        //旋转天线
        void clearTrace();           //清理航迹
        voidi ni_PPI();              //初始化 PPI
        void display_trace_graphics(TracePack track);   //绘制航迹
        void addShieldZone(bool);    //添加屏蔽区
void My_QGraphicsScene::getSelectZoom(QRectF& zoom)
{
    selectZoom=zoom;
    zoomIsSelect=true;
    QList<QGraphicsItem * > listItem = this->items(zoom,Qt::IntersectsItemShape);
    for(int i=0;i<listItem.size();i++)
    {
        if(listItem[i]->zValue()==3||listItem[i]->zValue()==4||listItem[i]->zValue()==5)
        {
            dotItem * dot1 = qgraphicsitem_cast<dotItem * >(listItem[i]);
            dot1->selected=true;
            dot1->update();
            this->update();
        }
    }
}
void My_QGraphicsScene::addScannerLine()
{
    if(scannerCheckboxOn)
    {
        QPen pen(ScannerLineColor,1.0,Qt::SolidLine);
        line1->setPen(pen);
        this->addItem(line1);
        line1->setLine(0,0,450 * sin(azimuthPoint),-450 * cos(azimuthPoint));
```

清除所有元素，包括点迹、航迹、标牌、指引线，通过 zValue 值进行筛选。
void My_QGraphicsScene::clearTrace()
{
    QList<QGraphicsItem *> itemlist = this->items();
    foreach(QGraphicsItem *item, itemlist)
    {
        if(((item->zValue()==3||item->zValue()==4)||(item->zValue()==5)||(item->zValue()==6)||(item->zValue()==7))
        {
            dotItem *item_ = qgraphicsitem_cast<dotItem *>(item);
            this->removeItem(item);
            delete item;
            item = NULL;
        }
    }
}

屏蔽区的作用主要是在近区划定规定半径大小的圆环，对落入圆环以内的点迹和航迹进行屏蔽，不再进行相关处理。特别是对于杂波点迹较多或者对近区的目标不感兴趣时，可根据距离适当调整屏蔽区大小，降低后期数据处理压力。屏蔽区的头文件 canStrechCircle.h 程序如下。

#ifndef CANSTRECHCIRCLE_H
#define CANSTRECHCIRCLE_H
#include <QGraphicsItem>
#include <QCursor>
class canStrechCircle : public QObject, public QGraphicsItem
{
    Q_OBJECT
public:
    canStrechCircle();
    canStrechCircle(qreal x, qreal y, qreal w, qreal h);
    virtual ~canStrechCircle();
    QRect FboundingRect()const;
    void paint(QPainter *painter, const QStyleOptionGraphicsItem *option,

```
    QWidget *widget);
    QPainterPath shape() const;
    void ResetRect(QRectF rect);
    void mousePressEvent(QGraphicsSceneMouseEvent *event);
    void mouseMoveEvent(QGraphicsSceneMouseEvent *event);
    void mouseReleaseEvent(QGraphicsSceneMouseEvent *event);
    void hoverEnterEvent(QGraphicsSceneHoverEvent *event);
    void hoverMoveEvent(QGraphicsSceneHoverEvent *event);
    void hoverLeaveEvent(QGraphicsSceneHoverEvent *event);
    qreal xPosition;
    qreal yPositin;
    qreal width;
    qreal height;
    QRectF m_rect;
    bool cScale;
    QCursor * m_cursor;
    QPointF start;
    QPointF end;
    int direction;
    bool shieldSwith;
signals:
    void shieldRedius(int);
};
#endif//CANSTRECHCIRCLE_H
```

其中,mouseMoveEvent 的实现代码如下。

```
void canStrechCircle::mouseMoveEvent(QGraphicsSceneMouseEvent *event)
{
    if(cScale)
    {
        QPointF dis;end=event->scenePos();dis=end-start;start=end;
        switch(direction)
        {
            case 1:
            {
                QRectF
```

```cpp
            tem = QRectF(m_rect.x() - dis.y()/2, m_rect.y() - dis.y()/2, m_rect.width() + dis.y(), m_rect.height() + dis.y());
            this->ResetRect(tem); update(boundingRect());
            this->moveBy(0,0); break;
        }
        case 3:
        {
            QRectF
            tem = QRectF(m_rect.x() - dis.x()/2, m_rect.y() - dis.x()/2, m_rect.width() + dis.x(), m_rect.height() + dis.x());
            this->ResetRect(tem); update(boundingRect());
            this->moveBy(0,0); break;
        }
        case 5:
        {
            QRectF
            tem = QRectF(m_rect.x() - dis.y()/2, m_rect.y() - dis.y()/2, m_rect.width() + dis.y(), m_rect.height() + dis.y());
            this->ResetRect(tem); update(boundingRect());
            this->moveBy(0,0); break;
        }
        case 7:
        {
            QRectF
            tem = QRectF(m_rect.x() - dis.x()/2, m_rect.y() - dis.x()/2, m_rect.width() + dis.x(), m_rect.height() + dis.x());
            this->ResetRect(tem); update(boundingRect());
            this->moveBy(0,0); break;
        }
    }
}
```

```
        update();
        QGraphicsItem::mouseMoveEvent(event);
}
hoverEnterEvent 的实现代码如下。
void canStrechCircle::hoverEnterEvent(QGraphicsSceneHoverEvent * event)
{
        QPointF pos1 = event->scenePos();
        QPointF lt = this->scenePos()+QPointF(m_rect.x(),m_rect.y());
        QPointF lb = this->scenePos()+QPointF(m_rect.x(),m_rect.y()+m_rect.height());
        QPointF rt = this->scenePos()+QPointF(m_rect.x()+m_rect.width(),m_rect.y());
        QPointF rb = this->scenePos()+QPointF(m_rect.x()+m_rect.width(),m_rect.y()+m_rect.height());
        if((pos1.x()<=lt.x()+2&&pos1.y()<=lt.y()+2)
                ||(pos1.x()>=rb.x()-2&&pos1.y()>=rb.y()-2)){
            m_cursor->setShape(Qt::SizeFDiagCursor);
            if(pos1.x()<=lt.x()+2)   direction=8;
            else direction=4;
        } else if((pos1.x()<=lb.x()+2&&pos1.y()>=lb.y()-2)
                ||(pos1.x()>=rt.x()-2&&pos1.y()<=rt.y()+2)){
            m_cursor->setShape(Qt::SizeBDiagCursor);
            if(pos1.x()<=lb.x()+2)   direction=6;
            else direction=2;
        } else if((pos1.x()<=lt.x()+2||pos1.x()>=rt.x()-2)
                &&(pos1.y()<=lb.y()&&pos1.y()>=lt.y())){
            m_cursor->setShape(Qt::SizeHorCursor);
            if(pos1.x()<=lt.x()+2)   direction=7;
            else direction=3;
        } else if((pos1.y()<=lt.y()+2||pos1.y()>=lb.y()-2)
                &&(pos1.x()>=lt.x()&&pos1.x()<=rt.x())){
            m_cursor->setShape(Qt::SizeVerCursor);
            if(pos1.y()<=lt.y()+2)   direction=1;
            else direction=5;
        } else{
```

```cpp
        cScale=false;
        m_cursor->setShape(Qt::ArrowCursor);
    }
    this->setCursor(*m_cursor);
    update();
    QGraphicsItem::hoverEnterEvent(event);
}
```

hoverMoveEvent 的实现代码如下。

```cpp
void canStrechCircle::hoverMoveEvent(QGraphicsSceneHoverEvent *event)
{
    QPointF pos1=event->scenePos();
    QPointF lt=this->scenePos()+QPointF(m_rect.x(),m_rect.y());
    QPointF lb=this->scenePos()+QPointF(m_rect.x(),m_rect.y()+m_rect.height());
    QPointF rt=this->scenePos()+QPointF(m_rect.x()+m_rect.width(),m_rect.y());
    QPointF rb=this->scenePos()+QPointF(m_rect.x()+m_rect.width(),m_rect.y()+m_rect.height());
    if((pos1.x()<=lt.x()+2&&pos1.y()<=lt.y()+2)
            ||(pos1.x()>=rb.x()-2&&pos1.y()>=rb.y()-2)){
        m_cursor->setShape(Qt::SizeFDiagCursor);
        if(pos1.x()<=lt.x()+2)    direction=8;
        else direction=4;
    }else if((pos1.x()<=lb.x()+2&&pos1.y()>=lb.y()-2)
            ||(pos1.x()>=rt.x()-2&&pos1.y()<=rt.y()+2)){
        m_cursor->setShape(Qt::SizeBDiagCursor);
        if(pos1.x()<=lb.x()+2)    direction=6;
        else direction=2;
    }else if((pos1.x()<=lt.x()+2||pos1.x()>=rt.x()-2)
            &&(pos1.y()<=lb.y()&&pos1.y()>=lt.y())){
        m_cursor->setShape(Qt::SizeHorCursor);
        if(pos1.x()<=lt.x()+2)    direction=7;
        else direction=3;
    }else if((pos1.y()<=lt.y()+2||pos1.y()>=lb.y()-2)
            &&(pos1.x()>=lt.x()&&pos1.x()<=rt.x())){
```

```
        m_cursor->setShape(Qt::SizeVerCursor);
        if(pos1.y()<=lt.y()+2)    direction = 1;
        else direction = 5;
    }else{
        cScale = false;
        m_cursor->setShape(Qt::ArrowCursor);
    }
    this->setCursor(*m_cursor);
    update();
    QGraphicsItem::hoverMoveEvent(event);
}
```

6.3　模拟训练软件运行效果

图 6.11 所示为模拟训练软件运行结果，雷达法线指向方位为 50°，俯仰为 10°，方位电扫范围为 –20°~20°，俯仰电扫范围为 0~20°。模拟目标个数为 8 个，包括 7 个运动目标和 1 个低速目标，50 km 内杂波点为 50。从图 6.11 中可以看出，数据处理的结果，航迹用红色表示，点迹用黄色表示，8 个目标均已形成稳定的航迹，杂波区内形成的虚假航迹较多。对其中 4 个目标使用不同的数据率进行跟踪加搜索（track and search，TAS），PPI 左边为跟踪目标的信息窗口，直观

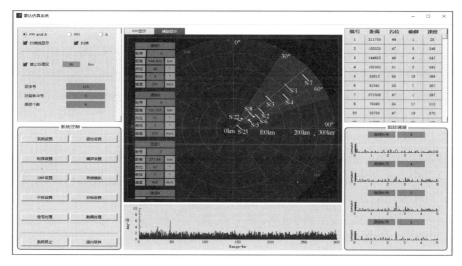

图 6.11　模拟训练软件运行结果（彩图见附录 2）

显示目标的批号、距离、方位、俯仰及速度信息,可供指挥员更加便捷的掌握目标的情况。

6.4 本章小结

本章对雷达模拟训练软件的设计进行介绍,首先介绍设计的背景、具备的功能,并对具体的设计进行详细的叙述。该软件能对雷达进行功能级的仿真,具备点迹模拟、PPI 显及数据处理等功能。具体的数据处理单元的实现详见第 8 章。

本章参考文献

[1] 霍亚飞. Qt Creator 快速入门[M]. 2 版. 北京: 北京航空航天大学出版社, 2014.

[2] 陈俊良, 叶林, 葛俊锋, 等. TeeChart 控件在实时检测系统上位机软件中的应用[J]. 2015, 28(6): 13-15.

[3] 高菲, 袁媛, 林成地, 等. Qwt 类库在二维云图绘制中的应用[J]. 现代电子技术, 2014, 37(14): 100-102.

[4] 许豪, 张政, 陈可. 基于 Qwt 的实时波形绘制的实现[J]. 电技术与软件工程, 2014(23): 70.

[5] 张波. Qt 中的 C++技术[M]. 北京: 电子工业出版社, 2012.

[6] BLANCHETTE J. C++ GUI Qt4 编程[M]. 2 版. 闫锋欣, 曾泉人, 张志强, 译. 北京: 电子工业出版社, 2013.

[7] 李帅, 沈静波. 基于 Qt 的运动目标态势显示技术研究[J]. 空军预警学院学报, 2015, 29(6): 411-415.

[8] 彭叶飞, 刘亮, 张龙敏, 等. 基于 Qt 的船用雷达简单模拟目标生成及显示[J]. 中国新技术新产品, 2016(16): 15-16.

[9] 张鹏. 基于 DeltaOS&QT 的雷达终端的设计与实现[J]. 舰船电子对抗, 2016, 39(3): 90-92.

[10] 来浩, 李慧敏, 马可. 一种目标指示雷达终端设计[J]. 电子技术与软件工程, 2016(8): 137.

[11] 安良, 莫红飞. GIS 在雷达显示控制系统中的应用[J]. 雷达科学与技术, 2011, 9(3): 264-267.

[12] 张荣涛, 杨润亭, 王兴家, 等. 软件化雷达系统技术综述[J]. 现代雷达, 2016, 38(10): 1-3.

[13] 周志增, 王永海, 顾荣军, 等. 基于 Qt 的雷达模拟训练软件研究与实现[J]. 火控雷达技术, 2022, 51(4): 21-24.

第7章

三维态势显示软件设计与实现

7.1 三维态势显示软件简介

7.1.1 开发背景

随着计算机的发展及其在军事上的广泛应用,雷达信息的可视化技术以前所未有的广度和深度影响着军事活动,对目标定位、细节表现、火力攻击、战场协调等方面提出了新要求。在此背景下,传统的雷达二维图形显示模式已经不能直观地反映出全方位的空间作战信息,作战指挥面临着前所未有的挑战。因此,构建雷达信息的三维可视化显示系统,将分布于战场的各个作战单元与侦察、跟踪、打击、评估等作战过程联接在一起,有利于扩大作战态势细节层次共享程度,推进情报工作的高效运行,实现作战信息的双向交互,进而赢得作战主动,提高指挥效益。

战场态势可视化是一种基于电子计算机成像技术的战场环境和态势信息表示方法,是战场感知的重要手段,把抽象、复杂、多变的海量战场信息表示为形象、简洁、动态的战场图像,供指挥员认识战场环境、了解敌我态势、拟定作战方案和下达作战任务使用,是现代化作战指挥必不可少的辅助手段。相比于其他平台,OSGEarth 的开源化和优秀的图层渲染能力完美解决这些问题,具有得天独厚的优势。

针对数字地球的开源架构平台的搭建,开发了基于OSGEarth数字地球开源库的整体框架,实现实时地形渲染机制及三维地形场景中交互响应机制,并结合Qt绘图引擎,设计了基于Qt平台下的数字地球平台,利用该框架实现矢量、影像、高程数据的加载和坐标查询、距离测量、波束管理及调度、航线管理、可视区域管理显示、航迹模拟等功能。考虑可视化系统功能设计和实时作战显示实用能力,本设计选择PDXP协议作为整体数据传输协议。通过加载全球影像与地形数据实现三维地形数据的渲染和地理信息查询功能,拓展了三维地理信息系统的应用。

7.1.2 技术特点

1. OSGEarth 特点

OSGEarth是针对地理信息系统(geographic information system,GIS)开发的一个基于C++和开源的三维图形引擎(open scence graph,OSG)的实时地形加载和渲染工具。它有很多插件用来支持访问本地或者网络服务器上的地图和地形数据。目前可以有WMS插件(可以支持WMS数据源)、GDAL插件(用来支持高程和影像数据),为了支持自定义类型的数据,也可以实现将自定义插件注册到插件系统中。OSGEarth可以采用.earth文件的形式来定义数据,.earth文件是基于XML设计的,它有如下特点。

(1)支持在线和离线两种加载数据的方式,能够实时生成地形。

(2)它有一套完整的空间参考系,包括各种坐标系、投影等,同时支持自定义坐标系和投影的方式。

(3)整个.earth文件可以是一个节点,里面包含mapNode节点,这个节点即地球节点。OSGEarth提供与地球的交互工具,如ObjectLocator和EarthManipulator,可以控制模型和几何体的放置位置及观看角度。

(4)支持缓存机制。可以通过缓存网络服务器上的地图和地形数据提高渲染效率。在缓存的过程中,它可以自动生成瓦片金字塔,并用分层分块的方式显示数据。

(5)支持模型及几何体的动态变化,可以用来显示动画效果。

(6)源生支持Qt,它提供一个OSGEarthQt库,对Qt界面进行封装,使得OSGEarth可以完美嵌入Qt中,方便开发者用Qt进行基于OSGEarth二次开发。

2. 数据渲染与管理机制

OSGEarth对三维地形场景的渲染与结构管理是在三维渲染引擎OpenSceneGraph的基础上实现地理信息数据的加载,支持本地数据和网络地图数据服务的影像瓦片加载,在地球表面生成离线地形模型或实时根据高程图和纹理生成地形。

OSGEarth 可以使用自己的.earth 文件简单地指定数据源,通过加载地图数据,就能在三维模型上显示各种地形图像。数据加载过程可以分成四步,如图7.1所示。

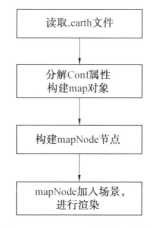

图 7.1　OSGEarth 数据加载过程

考虑战场实验环境下实际应用性,在基本的场景加载、图层管理、信息显示、参数测量等相关功能外,还加入数据接收显示、实时数据处理、场景实时构建等战场相关功能。

3. 总体架构

基于 OSGEarth 的三维 GIS 平台是应用于地形地貌可视化展示与管理的三维视景仿真交互系统,是在 VS + QT 的环境中完成开发的。根据功能内容定义,GIS 平台可分为数据资源层、平台层和应用层。GIS 平台基于 VS 开发环境,利用 OSGEarth 完成三维场景组织,实现场景加载、信息查询、图层管理、基于地球的场景漫游、鹰眼地图、距离面积测量等相关功能,系统界面设计、数据库管理等功能模块利用 QT 开发,平台总体架构如图 7.2 所示。

4. 关键技术

(1) 海量三维地形实时生成与加载。

OSGEarth 中将二维地图应用发布经常使用的瓦片地图服务(tile map service,TMS)技术用到三维 GIS 平台应用的开发中,将地形原始数据(瓦片和数字高程模型(digital eleration model,DEM)数据)按照 TMS 标准进行瓦片化处理,然后再输入到三维渲染引擎中,结合多细节层次(levels of detail,LOD)进行分层实时加载和渲染,如图 7.3 所示。这样既保证海量地形数据的快速生成与渲染,又可以将三维地形模型与其他需要结合地形信息绘制的特征数据进行很好的匹

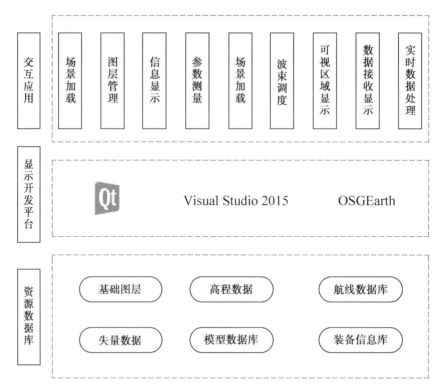

图 7.2　平台总体架构

配,达到快速、高效的目的。OSGEarth 利用在二维 GIS 发布应用经常使用的瓦片地图服务技术,对原始的瓦片纹理和 DEM 高程数据分别进行瓦片化处理,然后再将源数据导入场景中结合 LOD 节点控制进行分层实时渲染绘制。这种方案中地形模型和其他矢量特征节点都是在场景管理过程中实时生成的,可以很方便的利用渲染引擎控制相互之间的投影关系和渲染顺序等属性,也可以高效的调整地形模型本身的显示层次、拉伸系数、位置偏移等特征。同时,由于提前进行瓦片化处理,将耗费资源的原始数据分层处理与三维渲染分开进行,系统在运行过程中可以根据场景相机的位置和距离等信息进行分层渲染绘制,只处理可见范围内的地形模型生成,大大降低了原始地理数据的增大对场景绘制的影响,提升了大场景三维 GIS 系统的运行效率。

(2)海量地形数据组织方式。

OSGEarth 采用动态四叉树 LOD 方式进行地形数据的组织,地形数据被实时划分为不同 LOD 层次瓦片序列,基于视点进行动态、分页的调度和渲染。整个地形场景是一棵瓦片化的四叉树,四叉树低层次(低精度)的影像是从高层次(高精度)的影像上实时重采样获取的,这种四叉树的组织方式理论上可以支持无限的数据量负载。瓦片数据处理即将原始数据按照不同分辨率分解成粗细不同的

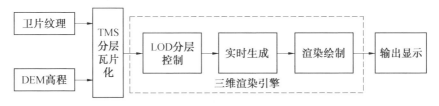

图 7.3　利用 TMS 实现地形场景高效实时加载过程示意图

若干层次,从而实现分层实时加载,处理过程满足 TMS 标准。

7.2　三维态势软件设计

设计工具的版本为 Qt5.9,VS2015。依次下载编译过的文件 OpenSceneGraph-Data、osgearth-3.20、3rdparty、osg365、oe32 在本地文件下保存。

7.2.1　开发环境搭建

1. 环境变量设置

添加用户变量 OSG_FILE_PATH,如图 7.4 所示。

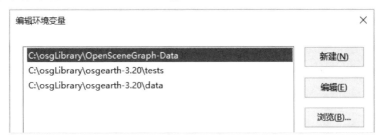

图 7.4　添加用户变量

在 PATH 路径中添加其他变量,如图 7.5 所示。

图 7.5　在 PATH 路径中添加其他变量

在系统变量中添加如图7.6所示的变量。

图7.6　在系统变量中添加变量

设计之前,需通过相关工具下载地图资源和高程资源,保存在本地进行加载,下载的资源如图7.7和图7.8所示。

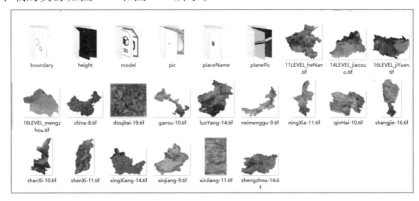

图7.7　下载的地图资源

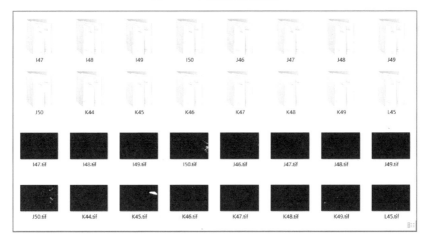

图7.8　下载的高程资源

2. VS2015 配置

VC++目录包含目录(其设置如图7.9所示)、库目录(其设置如图7.10所示)、附加依赖项(其设置如图7.11所示)。

第 7 章 三维态势显示软件设计与实现

图 7.9　包含目录设置

图 7.10　库目录设置

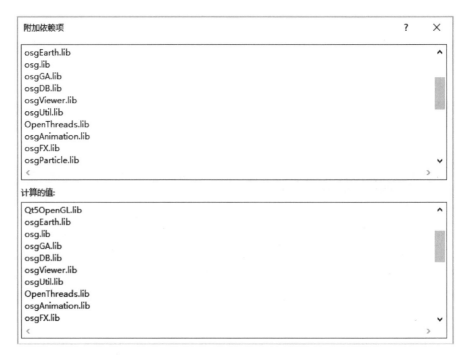

图 7.11　附加依赖项设置

7.2.2　.earth 文件应用

OSGEarth 继承 OSG 的插件机制，因此 OSGEarth 提供专门读取 .earth 文件的 osgdb_earth 插件。通过查找并调用此插件，达到读取 .earth 文件的目的。在 osgdb_earth 中，主要是将 .earth 文件中的内容转换成后面构造地图需要的 conf 对象。通过 .earth 插件将 .earth 文件中的数据属性、渲染属性等构成 conf 对象。之后是根据这些属性来构造一个包含影像、高程、模型等的地图。earth 文件如图 7.12 所示。

1. .earth 文件的作用

OSGEarth 实际上是通过 .earth 文件经过图层、选项和坐标系配置等参数解析后的 osg 节点，可通过 OSGEarth 中的 findMapNode 函数查找加载的地图节点，然后加载到三维场景中。

2. .earth 文件标签

.earth 文件中的 map、image 和 option 等节点都代表加载影像的属性，如 image 中的 url 代表源文件路径，cache 代表缓存路径，option 中 cache-only 表示仅读缓存，跳过源文件数据。

第7章 三维态势显示软件设计与实现

```xml
1  <!--
2  osgEarth Sample - GDAL
3  <map>
4      <!--地图信息-->
5      <GDALImage name="World">
6          <url>../data/world.tif</url>
7      </GDALImage>
8      <!--高程信息-->
9      <elevation name="henan" driver="gdal">
10         <url>../data/myGif/height/I49.tif</url>
11     </elevation>
12     <image name="world" driver="agglite">
13         <features name="china_boundary" driver="ogr">
14             <url>../data/myGif/boundary/world.shp</url>
15             <build_spatial_index>true</build_spatial_index>
16         </features>
17         <styles>
18             <style type="text/css">
19                 world
20                 {
21                     stroke:#ffff00;
22                     stroke-opacity:1.0;
23                     stroke-width:1.0;
24                 }
25             </style>
26         </styles>
27     </image>
28     <image name="china" driver="agglite">
29         <features name="china_boundary" driver="ogr">
30             <url>../data/myGif/boundary/chinashp.shp</url>
31             <build_spatial_index>true</build_spatial_index>
32         </features>
33         <geometry_type>line</geometry_type>
34         <styles>
35             <style type="text/css">
36                 world
37                 {
38                     stroke:#ffff00;
39                     stroke-opacity:1.0;
40                     stroke-width:1.0;
41                 }
42             </style>
43         </styles>
44     </image>
```

图 7.12 .earth 文件

3. mapNode 管理结构

mapNode 管理结构如图 7.13 所示。

4. .earth 文件的使用

```
//读取 .earth 文件
osg::ref_ptr<osg::Node> rpNode = osgDB::readNodeFile("./earth_image/lxf.earth");
//节点转化为地图节点
osg::ref_ptr<OSGEarth::MapNode> mapNode = OSGEarth::MapNode::
```

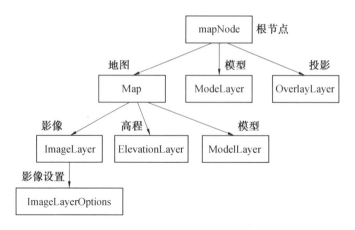

图 7.13 mapNode 管理结构

findMapNode(rpNode.get());
//添加到根节点
root->addChild(mapNode.get());

7.3 三维态势软件主要功能实现

7.3.1 主界面实现

1. 实现功能简介

界面初始化函数 InitOSG() 实现加载 .earth 文件中的本地离线影像瓦片地图和高程信息,设置照相机和渲染器。

2. 主要功能函数

```
void QtOsgEarthProject::InitOSG()
{
    viewer = new osgViewer::Viewer;
    //设置模型
    root = new osg::Group;
    //显示 .earth 文件中的地球模型
    earthNode = new osg::Node;
    QString earthFilePath = "./simpleTest.earth";
    earthNode = osgDB::readNodeFile(earthFilePath.toStdString());
    osg::StateSet * state = earthNode->getOrCreateStateSet();
```

```
state->setMode(GL_FOG, osg::StateAttribute::ON);
//获取屏幕分辨率、长宽
osg::GraphicsContext::WindowingSystemInterface * wsi = osg::GraphicsContext::getWindowingSystemInterface();
//设置照相机
camera = new osg::Camera;
camera->setGraphicsContext(new osgQt::GraphicsWindowQt(traits.get()));
camera->setClearColor(osg::Vec4(0.2, 0.2, 0.6, 1.0));
camera->setViewport(new osg::Viewport(0, 0, width, height));
camera->setProjectionMatrixAsPerspective(30.0f, (double(traits->width)) / (double(traits->height)), 1.0f, 10000.0f);
//设置渲染器
viewer->setCamera(camera);
ControlCanvas * canvas = new ControlCanvas();
root->addChild(canvas);
HBox * hbox = new HBox();
canvas->addChild(hbox);
LabelControl * readout = new LabelControl();
hbox->addControl(readout);
Formatter * formatter = 0L;
viewer->setSceneData(root);
viewer->setThreadingModel(osgViewer::Viewer::SingleThreaded);
viewer->getCamera()->addCullCallback(new OSGEarth::AutoClipPlaneCullCallback(mapNode));
}
```

全局定时 InitTimer(),负责定时调用槽函数 updateFrame()更新界面。

```
void QtOsgEarthProject::InitTimer()
{
    QObject::connect(pTimer, SIGNAL(timeout()), this, SLOT(updateFrame()));
    pTimer->start(uiUpdateTimeInterval);
}
void QtOsgEarthProject::updateFrame()
{
    viewer->frame();
}
```

7.3.2 波束调度

1. 实现功能简介

波束调度主要用于模拟三维空间内雷达波束扫描,实现搜索和跟踪波束按预定波位进行调度。

首先,通过图 7.14 实现空域定义和波位编排。

图 7.14 波位编排

开启波束扫描接口函数 on_actionBeamScanner_triggered( ),实现扫描波束的启动和停止。

2. 主要功能函数

void QtOsgEarthProject::on_actionBeamScanner_triggered( )
{
    if (! beamStartScan)
    {
        mtCone->setNodeMask(1);
        QList <PlanePoint> * radarBeam = new QList <PlanePoint>;
        beamManager_->beamLonLatHeight.clear( );
        beamManager_->convertRAEtoLLH( );

```cpp
        double Alltime = 2;
        double _addtime = Alltime / 40.0;
        double time = 0.0;
        for (int i = 0; i < beamManager_->beamLonLatHeight.length(); i++)
        {
            osg::Vec3d newpoint = osg::Vec3d(beamManager_->beamLon-
            LatHeight.at(i).jingdu, beamManager_->beamLonLatHeight.at
            (i).weidu, beamManager_->beamLonLatHeight.at(i).
            Height);
            PlanePoint * pPP = new PlanePoint();
            pPP->point = newpoint;
            pPP->time = time;
            radarBeam->append(*pPP);
            time = time + _addtime;
        }
        double radarDistance = 400000;   //雷达最大探测距离
        osg::Vec3 radarposition = osg::Vec3(×××.××××××, ××.××××××, ×
        ××.×);
        m_pMapSRS = OSGEarth::SpatialReference::get("wgs84");
        osg::AnimationPath * animationPathRadar = rotateCone1(mtCone, m_
        pMapSRS, radarposition, radarBeam, radarDistance);
        mtCone->setUpdateCallback(new osg::AnimationPathCallback(ani-
        mationPathRadar, 0.0, 1.0));
        beamStartScan = true;
        ui.actionBeamScanner->setText(QString::fromLocal8Bit("停止扫
        描"));
    }
    else
    {
        mtCone->removeUpdateCallback(mtCone->getUpdateCallback());
        beamStartScan = false;
        ui.actionBeamScanner->setText(QString::fromLocal8Bit("开始扫
        描"));
        mtCone->setNodeMask(0);
    }
```

```
        double curAzimuthPoint = beamManager_->zeroAzimuthPoint;
        double curPitchPoint = beamManager_->zeroPitchPoint;
        if (lastAzimuthPoint! = curAzimuthPoint || lastPitchPoint ! = curPitch-
        Point)
    {
        //先删除探测区域
        int num = radarZoomGroup->getNumChildren();
        if (num < 0)
        {
        }
        else
        {
            for (int i=0; i < num; i++)
            {
                radarZoomGroup->removeChildren(i, 1);
            }
        }
        //再重新绘制
         addRadarDetectZoom (curAzimuthPoint - beamManager_ - > azimuthRange/
        2.0, beamManager_->pitchRange, beamManager_->azimuthRange);
        }
        lastAzimuthPoint = curAzimuthPoint;
        lastPitchPoint = curPitchPoint;
    }
```

7.3.3 测距

1. 实现功能简介

测距主要实现测量地表两个点之间的距离,距离值的计算考虑地面的起伏,能通过图形形式显示连线,并给出直线距离、地表距离及连线与正北夹角等信息。使用中只需选定两个点,软件会自动计算并给出相应结果。

2. 主要功能函数

OSG点选操作的思路是从osgGA::GUIEventHandler 继承,并重新实现虚函数 virtual bool handle (const osgGA:: GUIEventAdapter& ea, osgGA:: GUIActionAdapter& aa)。获取点选信息后,此函数中可以进行处理,也可以直接

传出去,由外部需要此点选信息的地方进行处理。对于传出信息,使用 Qt 的信号槽操作,因而,在继承 osgGA∷GUIEventHandler 的同时,还需要继承 QObject。

```
class CEventHandler : public QObject, public osgGA∷GUIEventHandler
{
    Q_OBJECT
public:
    CEventHandler(void);
    ~CEventHandler(void);
    virtual bool handle(const osgGA∷GUIEventAdapter& ea,
osgGA∷GUIActionAdapter&aa);
    //根据模型,求出这两点连成的线与模型是否有交点
    osg∷Node * IntersectPoint(osg∷Vec3 XPosition, osg∷Vec3 YPosition,
osg∷ref_ptr<osg∷Node> Node, std∷string name);
    osg∷Vec3d IntersectPoint(osg∷Vec3 XPosition, osg∷Vec3 YPosition,
osg∷ref_ptr<osgEarth∷MapNode> Node);
    void RecoverGeom(osg∷Geometry * geom, osg∷Vec4 color);
    void isStartTest(bool isTest);
    double GetDis(osg∷Vec3 from, osg∷Vec3 to);
    void clearAllMeasurePic();
public:
    osgEarth∷MapNode * mapNode;
    osg∷Node * computeIntersect;
    //上次点击的 geom
    osg∷Geometry * geomLast;
    osg∷Vec4 color;
    //是否点击世界地图
    bool isPickWorld;
    bool isTestJu;
    //0 代表并未双击开始测试距离,1 已经设置了起点,2 已经设置了终点
    int jieDuan;
    osg∷Vec3 startPoint;
    osg∷Vec3 endPoint;
    osg∷ref_ptr<osg∷Vec3Array> vectex;
    osg∷ref_ptr<osg∷Vec3Array> vectexCeJu;
    osg∷ref_ptr<osg∷Geode> qiuqiu;
```

```cpp
    double GetDis(osg::Vec3Array * vec);
    osgViewer::Viewer * viewer;
    double dis;     //空间直线距离
    doubledist;     //地表距离
    double jiaJiao;
    int vitualType;
};
bool CEventHandler::handle(constosgGA::GUIEventAdapter& ea,
osgGA::GUIActionAdapter&aa)
{
    viewer = dynamic_cast<osgViewer::Viewer * >(&aa);
    if(isTestJu && viewer)
    {
        if ( ea.getEventType ( ) = = osgGA::GUIEventAdapter::
        DOUBLECLICK )
        {
            osg::Vec3d point = osg::Vec3(0, 0, 0);
            osgUtil::LineSegmentIntersector::Intersections intersections;
            if(viewer->computeIntersections(ea.getX(), ea.getY(), intersections))
            {
                point = intersections.begin()->getWorldIntersectPoint();
                //qDebug() << " celiang pint0::"<<point.x() << point.y
                    () << point.z();
                osg::Vec3d temp;
                mapNode->getMap()->getSRS()->transformFromWorld
                    (point, temp);
                mapNode->getMap()->getSRS()->transformToWorld
                    (osg::Vec3d(temp.x(), temp.y(), temp.z()),
                    point);    //+ 100
            }
            if (jieDuan = = 0)
            {
                jieDuan = 1;
                vectexCeJu->push_back(point);
```

```cpp
            startPoint = point;
            qiuqiu->addDrawable( new osg::ShapeDrawable( new
            osg::Sphere( startPoint, 2.0 ) ) );
            if( viewer->getSceneData( )->asGroup( )->containsNode
            ( qiuqiu ) = = false )
            {
                viewer->getSceneData( )->asGroup( )->addChild( qi-
                uqiu );
            }
        }
        else if ( jieDuan = = 1 )
        {
            endPoint = point;
            qiuqiu->addDrawable( new osg::ShapeDrawable( new osg::
            Sphere( endPoint, 2.0 ) ) );
            qiuqiu->dirtyBound( );
            jieDuan = 2;
        osg::EllipsoidModel em;
        osg::Vec3d A, B;
        em.convertXYZToLatLongHeight( startPoint.x( ), startPoint.y( ),
startPoint.z( ), A.y( ), A.x( ), A.z( ) );
        em.convertXYZToLatLongHeight( endPoint.x( ), endPoint.y( ),
        endPoint.z( ), B.y( ), B.x( ), B.z( ) );
        get2LonLatHeiAngle calAngle;
        myLatLng A1( osg::RadiansToDegrees( A.x( ) ),
        osg::RadiansToDegrees( A.y( ) ) );
        myLatLng B1( osg::RadiansToDegrees( B.x( ) ),
        osg::RadiansToDegrees( B.y( ) ) );
        jiaJiao = calAngle.getAngle( A1, B1 );
            osg::Vec3d startlla;
            osg::Vec3d endlla;
          mapNode->getMap( )->getSRS( )->transformFromWorld
          ( startPoint, startlla );
          mapNode->getMap( )->getSRS( )->transformFromWorld
          ( endPoint, endlla );
```

```cpp
dis = GetDis(startPoint, endPoint);
double deltaLat = (endlla.y() - startlla.y())/(float)dis;
double deltaLon = (endlla.x() - startlla.x())/(float)dis;
osg::ref_ptr<osg::Vec4Array> color = new osg::Vec4Array;
color->push_back(osg::Vec4(1.0, 1.0, 0.0, 1.0));
for(int i = 1; i<dis; i++)
{
    double tempLat = startlla.y() + i * deltaLat;
    double tempLon = startlla.x() + i * deltaLon;
    osg::Vec3d lowPoint, heightPoint; double height;
    mapNode->getTerrain()->getHeight(mapNode->getMapSRS(),
    tempLon, tempLat, &height);
    heightList.append(height);
    osg::Vec3d interSec = osg::Vec3d(tempLon, tempLat, height);
    osg::Vec3d world;
    osg::ref_ptr<osg::EllipsoidModel> em = new osg::EllipsoidModel();
    em->convertLatLongHeightToXYZ(osg::DegreesToRadians(interSec.y
    ()), osg::DegreesToRadians(interSec.x()), interSec.z(), world.x
    (), world.y(), world.z());
    osg::Vec3d temp;
    mapNode->getMap()->getSRS()->transformFromWorld(world,
    temp);
    mapNode->getMap()->getSRS()->transformToWorld(osg::Vec3d
    (temp.x(), temp.y(), temp.z()), world);
    vectexCeJu->push_back(world);
    color->push_back(osg::Vec4(1.0, 1.0, 0.0, 1.0));
}
heightList[0] += antennaHeight;
osg::ref_ptr<osg::Geometry> gemo = new osg::Geometry;
lineStrip->addDrawable(gemo);
gemo->setVertexArray(vectexCeJu);
gemo->setColorArray(color);
gemo->setColorBinding(osg::Geometry::BIND_PER_VERTEX);
gemo->addPrimitiveSet(new osg::DrawArrays(GL_LINE_
STRIP, 0, vectexCeJu->size()));
```

```
          gemo->getOrCreateStateSet()->setAttribute(new osg::
          LineWidth(3.0), osg::StateAttribute::ON);
          gemo->getOrCreateStateSet()->setMode(GL_LIGHTING,
          osg::StateAttribute::OFF);
          viewer->getSceneData()->asGroup()->addChild(lineS-
          trip);
          dist=GetDis(vectexCeJu);
          if(flyLabel)
          {
               char wsrc[512];
               sprintf(wsrc,"get the range is : %.2f m", dist);
               flyLabel->setText(wsrc);
          }
     }
     else if(jieDuan==2)
     {
          jieDuan=1;
          if(viewer->getSceneData()->asGroup()->containsNode
          (qiuqiu))
          {
               viewer->getSceneData()->asGroup()->removeChild
               (qiuqiu);
               qiuqiu=0; qiuqiu=newosg::Geode;
          }
          if(viewer->getSceneData()->asGroup()->containsNode
          (lineStrip))
          {
          viewer->getSceneData()->asGroup()->removeChild(line-
          Strip);
               lineStrip=0;
               lineStrip=newosg::Geode;
          }
          vectexCeJu->clear(); vectexCeJu->push_back(point);
          startPoint=point;
          qiuqiu->addDrawable(new osg::ShapeDrawable(new
```

```
            osg::Sphere(startPoint,2.0)));
        if(! viewer->getSceneData()->asGroup()->containsNode
        (qiuqiu))
        {
            viewer->getSceneData()->asGroup()->addChild(qi-
            uqiu);
        }
    }
  }
}
```

7.3.4 航线管理

1. 实现功能简介

航线管理使用 Qt 自带的数据库 QSQLITE 进行航线的保存、编辑、删除等数据库管理操作。通过事先规划好航线(由多个经纬高和速度信息的节点组成)存入数据库。在调用时,数据库直接将航线通过信号槽发送给主线程解析航线,生成具体的航线供飞行目标使用。

2. 主要功能函数

```
//根据输入的控制点,输出一个路径,控制点格式为(经纬高、速度)
osg::AnimationPath * QtOsgEarthTest01::CreateAirLinePath(osg::Vec4Array
* ctrl)
{
    osg::ref_ptr<osg::AnimationPath> animationPath = new
    osg::AnimationPath;
    animationPath->setLoopMode(osg::AnimationPath::NO_LOOPING);
    double shuiPingAngle;
    double chuiZhiAngle;
    double time=0;
    osg::Matrix matrix;
    osg::Quat _rotation;
    //当前点
    osg::Vec3d positionCur;
    //下一点
```

```cpp
osg::Vec3d positionNext;
for(osg::Vec4Array::iterator iter = ctrl->begin(); iter ! = ctrl->end
(); iter++)
{
    osg::Vec4Array::iterator iter2 = iter;
    iter2++;
    //需要判断是否已经到顶
    //iter2++
    if(iter2 = = ctrl->end())
    {
        break;
    }
    double x, y, z, x1, y1, z1;
    csn->getEllipsoidModel()->convertLatLongHeightToXYZ(osg::De-
greesToRadians(iter->y()), osg::DegreesToRadians(iter->x()),
iter->z(), x, y, z);
    positionCur = osg::Vec3(x, y, z);
    csn->getEllipsoidModel()->convertLatLongHeightToXYZ(osg::De-
greesToRadians(iter2->y()), osg::DegreesToRadians(iter2->x
()), iter2->z(), x1, y1, z1);
    positionNext = osg::Vec3(x1, y1, z1);
    //求出水平夹角
    if(iter->x() = = iter2->x())
    {
        shuiPingAngle = osg::PI_2;
    }
    else
    {
        shuiPingAngle = atan((iter2->y()-iter->y()) / (iter2->x()-
iter->x()));
        if(iter2->x() > iter->x())
        {
            shuiPingAngle += osg::PI;
        }
    }
}
```

```cpp
//求垂直夹角
        if (iter->z() == iter2->z())
        {
            chuiZhiAngle=0;
        }
        else
        {
            if (0 == sqrt(pow(GetDis(positionCur, positionNext), 2)-pow
            (iter2->z()-iter->z(), 2)))
            {
                chuiZhiAngle=osg::PI_2;
            }
            else
            {
                chuiZhiAngle=atan((iter2->z()-iter->z()) /
                sqrt(pow(GetDis(positionCur, positionNext), 2) - pow
                (iter2->z()-iter->z(), 2)));
            }
            if (chuiZhiAngle >= osg::PI_2)
                chuiZhiAngle=osg::PI_2;
            if (chuiZhiAngle <= -osg::PI_2)
            {
                chuiZhiAngle=-osg::PI_2;
            }
        }
    //求飞机的变换矩阵
    csn -> getEllipsoidModel() -> computeLocalToWorldTransform-
    FromLatLongHeight(osg::DegreesToRadians(iter->y()), osg::
    DegreesToRadians(iter->x()), iter->z(), matrix);
    _rotation.makeRotate(osg::PI_2, osg::Vec3(1.0, 0.0, 0.0),
    chuiZhiAngle, osg::Vec3(0.0, 1.0, 0.0), shuiPingAngle, osg::
    Vec3(0.0, 0.0, 1.0));
    matrix.preMultRotate(_rotation);
    animationPath->insert(time, osg::AnimationPath::ControlPoint(po-
    sitionCur, matrix.getRotate()));
```

```
        //把下一点的时间求出来
        time += GetRunTime(positionCur, positionNext, iter2->w());
    }
    animationPath -> insert (time, osg::AnimationPath::ControlPoint
    (positionNext, matrix.getRotate()));
    return animationPath.release();
}
```

7.3.5 接收网络传输的目标信息

1. 实现功能简介

接收网络通过子线程接收模拟目标数据包,按照事先约定的协议解析得到位置信息(包括方位、俯仰、距离及相关特征信息),调用飞行器模型,根据位置信息将目标显示在三维地图上,计算目标的转角调整飞行姿态。此功能可用于呈现飞行实验中的三维场景,有助于提高任务组织人员对飞行器状态及任务整体态势的掌握。

2. 主要功能函数

OSG中的节点主要使用回调(CallBack)来完成用户临时、需要每帧执行的工作。根据回调功能被调用的时机划分为更新回调(Update CallBack)和人机交互时间回调(Event CallBack)。更新回调在每一帧中由当前节点时调用,人机交互时间回调则由交互事件触发,如操作键盘、鼠标,关闭窗口,改变窗口大小等动作。

在用户应用程序创建回调需要以下几步。

(1)编写继承自 osg::NodeCallback 类的新类。

(2)重载 operator(osg::Node* node, osg::NodeVisitor* av)函数,实现飞行器位置信息的变化。

(3)初始化一个回调实例,关联到相应的对象。

更新回调涉及 osg::NodeCallback 类,这个类重载了函数调用操作符。当回调动作发生时,将会执行这一操作符的内容,如果节点绑定更新回调函数,那么在每一帧系统遍历到此节点时,回调函数会被调用。

```
void planeModel::operator()(osg::Node* node, osg::NodeVisitor* av)
{
    osg::MatrixTransform* transform =
    dynamic_cast<osg::MatrixTransform*>(node);
    double deltax = qAbs(LLH.x()-LLH_last.x());
```

```cpp
            double deltay  = qAbs(LLH.y()-LLH_last.y());
            double deltaz  = qAbs(LLH.z()-LLH_last.z());
            if ( deltax >= turnError && deltay >= turnError && deltaz > 50 )
            {
                csn->setEllipsoidModel(new osg::EllipsoidModel());
                csn - > getEllipsoidModel ( ) - > computeLocalToWorldTransform-
                    FromLatLongHeight( osg::DegreesToRadi ans( LLH.x() ), osg::
                    DegreesToRadians(LLH.y()), LLH.z(), mtTemp);
                //根据当前位置信息和前一点的位置信息,计算水平角和垂直角
                osg::Quat changeZitai = getShuiPingAndChuiZhi( LLH, LLH_last );
                double angle = 5.0;
                mtTemp.preMultRotate(changeZitai);
                changeZitaiLast = changeZitai;
                transform->setMatrix(mtTemp);
                LLH_last = LLH;
                traverse(node, av);
            }
            else
            {
                csn->setEllipsoidModel(new osg::EllipsoidModel());
                 csn - > getEllipsoidModel ( ) - > computeLocalToWorldTransform-
                    FromLatLongHeight ( osg:: DegreesToRadians ( LLH. x ( ) ), osg::
                    DegreesToRadians(LLH.y()), LLH.z(), mtTemp);
                mtTemp.preMultRotate(changeZitaiLast);
                transform->setMatrix(mtTemp);
                traverse(node, av);
                LLH_last = LLH;
            }
        }
        osg::Quat planeModel::getShuiPingAndChuiZhi(osg::Vec3 LLH_cur, osg::
        Vec3 LLH_last)
        {
            double shuiPingAngle;
            double chuiZhiAngle;
            double time = 0;
```

```
osg::Matrix matrix;
osg::Quat _rotation;
//当前点
osg::Vec3d positionCur;
//下一点
osg::Vec3d positionNext;
double x, y, z, x1, y1, z1;
 csn->getEllipsoidModel()->convertLatLongHeightToXYZ(osg::De-
greesToRadians(LLH_last.y()), osg::DegreesToRadians(LLH_last.x
()), LLH_last.z(), x, y, z);
positionCur = osg::Vec3(x, y, z);
 csn->getEllipsoidModel()->convertLatLongHeightToXYZ(osg::De-
greesToRadians(LLH_cur.y()), osg::DegreesToRadians(LLH_cur.x
()), LLH_cur.z(), x1, y1, z1);
positionNext = osg::Vec3(x1, y1, z1);
//求出水平夹角
if (LLH_last.x() == LLH_cur.x())
{
    shuiPingAngle = osg::PI_2;
}
else
{
    shuiPingAngle = atan((LLH_cur.y()-LLH_last.y()) / (LLH_cur.x
()-LLH_last.x()));
    if (LLH_cur.x() > LLH_last.x())
    {
        shuiPingAngle += osg::PI;
    }
}
//求垂直夹角
if (LLH_cur.z() == LLH_last.z())//LLH_cur.z() == LLH_last.z()
{
    chuiZhiAngle = 0;
}
else
```

```
        {
            if (0 = = sqrt(pow(GetDis(positionCur, positionNext), 2) - pow
            (LLH_cur.z() - LLH_last.z(), 2)))
            {
                chuiZhiAngle = osg::PI_2;
            }
            else
            {
                chuiZhiAngle = atan((LLH_cur.z() - LLH_last.z()) / sqrt(pow
                (GetDis(positionCur, positionNext), 2) - pow(LLH_cur.z() -
                LLH_last.z(), 2)));
            }
            if (chuiZhiAngle >= osg::PI_2)
                chuiZhiAngle = osg::PI_2;
            if (chuiZhiAngle <= -osg::PI_2)
            {
                chuiZhiAngle = -osg::PI_2;
            }
        }
```

//求飞机的变换矩阵
csn->getEllipsoidModel()->computeLocalToWorldTransformFromLatLongHeight(osg::DegreesToRadians(LLH_last.y()), osg::DegreesToRadians(LLH_last.x()), LLH_last.z(), matrix);
_rotation.makeRotate(osg::PI_2, osg::Vec3(1.0, 0.0, 0.0), chuiZhiAngle, osg::Vec3(0.0, 1.0, 0.0), osg::PI_2 - shuiPingAngle, osg::Vec3(0.0, 0.0, 1.0));
return _rotation;
}

7.3.6 添加城市地名

1. 实现功能简介

该功能主要是在三维地图上添加行政区域的名称,按照省市区街道乡村根据不同距离段进行显示。行政区域位置信息如图 7.15 所示。

本节以添加河南省城市地名为例,给出相应的实现功能函数。

第7章 三维态势显示软件设计与实现

```
 1  郑州市
 2  <north>35.24842</north><south>34.24842</south>
 3  <east>114.11894</east><west>113.11894</west></LatLonAltBox>
 4  16
 5  113.61894
 6  34.74042
 7  南阳市
 8  <north>33.49263</north><south>32.49263</south>
 9  <east>113.02271</east><west>112.02271</west></LatLonAltBox>
10  64
11  112.52271
12  32.99263
13  信阳市
14  <north>32.62505</north><south>31.62505</south>
15  <east>114.56281</east><west>113.56281</west></LatLonAltBox>
16  64
17  114.06281
18  32.12505
19  周口市
20  <north>34.12482</north><south>33.12482</south>
21  <east>115.14796</east><west>114.14796</west></LatLonAltBox>
22  64
23  114.64796
24  33.62482
```

图7.15　行政区域位置信息

2. 主要功能函数

```cpp
void QtOsgEarthTest01::addLable()
{
    osg::Image* douJiTai = osgDB::readImageFile("C:/osgLibrary/osgearth-3.20/data/myGif/pic/star.png");
    OSGEarth::Style* style1 = new OSGEarth::Style();
    OSGEarth::TextSymbol* textStyle = style1->getOrCreateSymbol<OSGEarth::TextSymbol>();
    textStyle->encoding() = OSGEarth::TextSymbol::ENCODING_UTF8;
    textStyle->font() = "simsun.ttc";
    textStyle->fill()->color() = osg::Vec4f(1.0,0.0,0.0,1.0);
    textStyle->halo()->color() = osg::Vec4f(0.0,0.0,0.0,0.7);
    textStyle->pixelOffset() = osg::Vec2s(1,1.0);
    char text[256] = "DouJiTai";
    //wchar_t* name = MultiByteToWideChar(text);
    OSGEarth::PlaceNode* pn = new OSGEarth::PlaceNode(OSGEarth::GeoPoint(mapNode->getMapSRS(), osg::Vec3d(112.737465, 34.89916, 0.0), OSGEarth::AltitudeMode::ALTMODE_ABSOLUTE), "", *style1, douJiTai);
    root->addChild(pn);
    //添加河南地名
    std::fstream f("C:/osgLibrary/osgearth-3.20/data/myGif/placeName/HeNan.txt", std::ios::in);
    char name[256];
    char area[256];
    int level;
```

```
float lon;
float lat;
osg::Image * tempImage=0;
osg::Image * cityCenter = osgDB::readImageFile(" C:/osgLibrary/
osgearth-3.20/data/myGif/pic/capital.bmp");
osg::Image * city = osgDB::readImageFile(" C:/osgLibrary/osgearth-3.
20/data/myGif/pic/captitalCity.bmp");
osg::Image * countycity = osgDB::readImageFile(" C:/osgLibrary/
osgearth-3.20/data/myGif/pic/bigCity.bmp");
osg::Image * county = osgDB::readImageFile(" C:/osgLibrary/osgearth-
3.20/data/myGif/pic/smallCity.bmp");
osg::Image * town = osgDB::readImageFile(" C:/osgLibrary/osgearth-3.
20/data/myGif/pic/county.bmp");
osg::Image * viliage = osgDB::readImageFile(" C:/osgLibrary/osgearth-
3.20/data/myGif/pic/town.bmp");
for(int i=0; i < 327215; i++)
{
f >> name >> area >>level>> lon >> lat;
    if(level <= 1024)
    {
        osg::Vec3d center;
        mapNode->getMap()->getSRS()->transformToWorld(osg::
        Vec3(lon, lat, 0), center);
        osg::ref_ptr<osg::LOD> lod=new osg::LOD;
        lod->setCenterMode(osg::LOD::USER_DEFINED_CENTER);
        lod->setCenter(center);
        long dist;
        switch(level)
        {
        case 16:
        {
            dist=500000; tempImage=cityCenter;
        }
        break;
        case 64:
```

```
            {
                dist = 350000; tempImage = city;
            }
            break;
        case 128:
            {
                dist = 250000; tempImage = countycity;
            }
            break;
        case 256:
            {
                dist = 200000; tempImage = county;
            }
            break;
        case 512:
            {
                dist = 85000; tempImage = town;
            }
            break;
        case 1024:
            {
                dist = 42000; tempImage = viliage;
            }
            break;
        case 4096:
            {
              dist = 6000; tempImage = viliage;
            }
            break;
        dist = 1000;
        default:
            break;
        }

        lod -> addChild ( new  OSGEarth :: PlaceNode ( OSGEarth ::
        GeoPoint( mapNode -> getMapSRS ( ) ,  osg :: Vec3d ( lon,  lat,
```

```
                0.0), OSGEarth::AltitudeMode::ALTMODE_ABSOLUTE),
            name, *style1, tempImage), 0, dist);
            earthLable->addChild(lod);
        }
    }
    f.close();
}
```

7.4 三维态势软件运行效果

7.4.1 主显示界面

图 7.16 所示为该软件的主显示界面,主要由菜单栏、工具栏和状态信息显示组成。其中,左侧为脚本管理窗口,右侧左上角显示视角,右侧左下角显示测距的长度,右侧右上角显示跟踪目标的位置信息,右侧右下角显示当前鼠标所在的经纬度。

图 7.16 主显示界面(彩图见附录 2)

一般情况下,在对地图精度要求不高的场合中只需要 10 级数据,在本设计中采用 10 级的数据对地形进行建模。图 7.16 所示为在加载 10 级纹理数据和 90 m 精度高程数据后的显示效果。

在软件的系统参数中,主要包括对站点经纬度的设置、天线中心高度的设置、定时器定时间隔的设置、机型的选择、机型外形大小的设置、干扰开关的选择、读取模拟弹道及打开波束管理和网络接收功能。通过设置方位和俯仰指向、电扫范围、扫描步进对波位进行编排,在雷达进行电扫描模拟时调用。图 7.17 所示为雷达波束扫描的截图,绿色为雷达针状波束,蓝色为波束扫描范围。

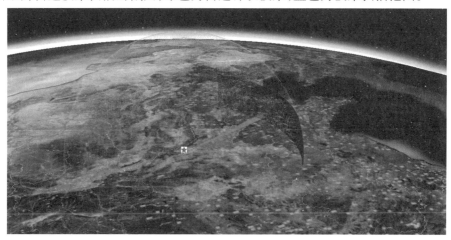

图 7.17　雷达波束扫描的截图(彩图见附录 2)

7.4.2　测距功能

图 7.18 所示为测地表距离及两点间直线距离的截图。从图 7.18 中可以看出,测量地表距离时线段沿着地表进行测量,可较为准确的得到测量结果。图 7.19 所示为测量结果的显示,可以得到直线距离、地表距离、测量的线段与正北的夹角。

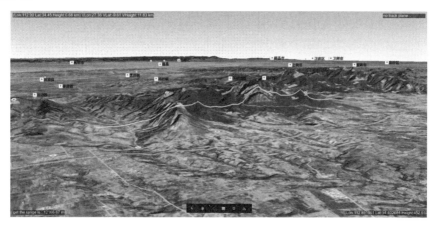

图 7.18　测地表距离及两点间直线距离的截图(彩图见附录 2)

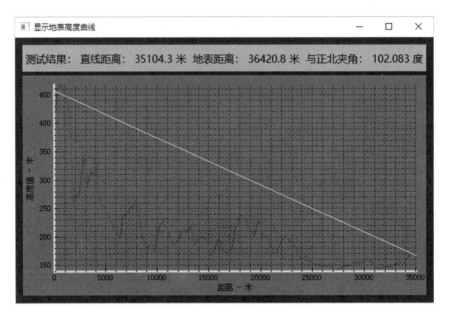

图 7.19 测量结果的显示

7.4.3 航线管理

在 Qt 中支持 QSQLITE、QMYSQL、QMYSQL3、QODBC、QODBC3、QPSQL、QPSQL7 等若干种数据库的驱动。而 QSQLITE 是属于 Qt 内部已经建立好的一个较为轻型的文件型数据库,可应用于嵌入式方向。

要使用 Qt SQL 模块中的类,需要在工程文件(.pro 文件)中添加 QT+=sql,使用时只需#include <QtSql>即可,如图 7.20 所示。

```
1 QT       += core gui
2
3 QT += axcontainer
4 QT       += network
5 QT += charts
6 QT   += sql
7 greaterThan(QT_MAJOR_VERSION, 4): QT += widgets
8 QT += core
```

图 7.20 在工程文件中添加 QT+=sql

通过使用 QsqLqurey 类来使用 SQL 语句,实现数据库的创建、插入、删除等操作。

QSqlDatabase db1 = QSqlDatabase::addDatabase("QSQLITE");
//创建数据库连接

```
db1.setDatabaseName("UserData2.db");    //设置数据库文件名
if(! db1.open())
{ return false;}
QSqlQuery query1(db1);
query1.exec("create table RouteDB(id int primary key,""name double)");
```

图 7.21 所示为航线管理界面,基于 Qt 自带的数据库开发,主要功能为根据经纬高速度信息添加航线节点,进行绘制航线、保存航线、读取航线、删除航线等常规操作。

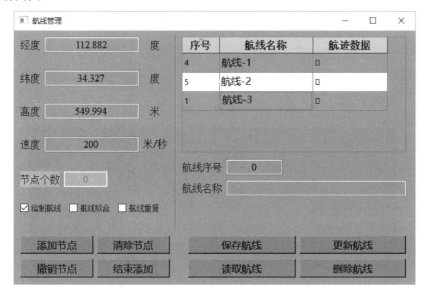

图 7.21 航线管理界面

7.4.4 可视区域管理显示

图 7.22 所示为可视区域管理设置界面,实现设置不同方位角间隔、仰角、方位范围等配置参数,画雷达的通视区域和可视范围。图 7.23 所示为方位步进为 1°、距离步进为 10 m 时的通视图,图 7.24 所示为仰角为 0.5°时的雷达可视范围。

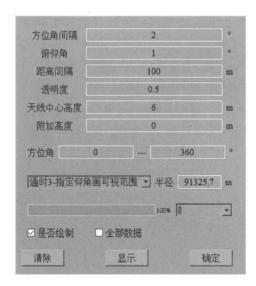

图 7.22 可视区域管理设置界面

图 7.23 方位步进为 1°、距离步进为 10 m 时的通视图(彩图见附录 2)

图 7.24 仰角为 0.5°时的雷达可视范围(彩图见附录 2)

7.4.5 接收网络传输的目标信息

通过接收网络数据包,解析其中的目标位置和速度信息,加载相应的飞行模型,在三维地图上进行同步显示,可提高飞行任务中对目标实时状态的掌握,有效提升任务保障效率。图7.25所示为战斗机编队的飞行模拟截图,图7.26所示为战斗机目标信息,可较为直观的显示目标的经度、纬度、高度、距离、俯仰、方位及速度信息。

图7.25　战斗机编队的飞行模拟截图(彩图见附录2)

图7.26　战斗机目标信息

7.4.6 其他功能

其他功能主要包括添加标识、模拟导弹飞行及模拟飞行目标按指定航线飞行。

1. 添加标识

添加标识可以在指定地点添加雷达、干扰、指挥所、点位、发射点位及机场等标识,如图7.27所示。

图 7.27 添加标识

2. 模拟导弹飞行

采用 Qt5.9.0 +VS2015 进行曲线窗绘制和显示的开发设计,图 7.28 所示为模拟导弹飞行场景,可根据读取到的模拟弹道信息,模拟整个导弹的飞行过程。界面左上为当前场景的视角和导弹飞行状态子窗口,包括位置信息、速度、飞行时间及落点等,支持飞行数据记录;左边为辅助信息窗,对导弹的各种辅助信息进行显示;右下为当前鼠标点的经纬高信息。

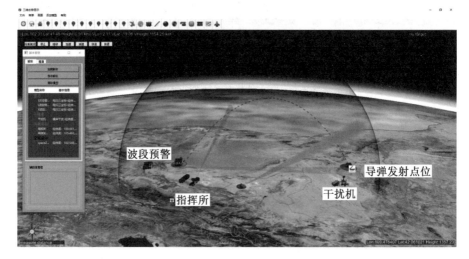

图 7.28 模拟导弹飞行场景(彩图见附录 2)

基于 OSG 回调的导弹模拟飞行方法实现流程如图 7.29 所示,首先通过加载导弹三维模型,生成导弹节点读取理论弹道、绘制弹道,主要是弹道的经纬高和速度,用于计算导弹的水平角和垂直角,通过导弹的变换矩阵进行姿态调整。开始发射后,对导弹视角进行设置,主要是通过 osgGA::GUIEventHandler 机制检测当前视点,得到视点的具体位置信息。加载导弹飞行回调路径后,导弹开始沿弹道进行运动,并根据变化矩阵实时调整飞行姿态。通过对视点进行判定,得到其经纬高信息后首先转化到地心直角坐标,然后转化到雷达站心极坐标得到导弹的方位、俯仰和高度信息并进行显示。

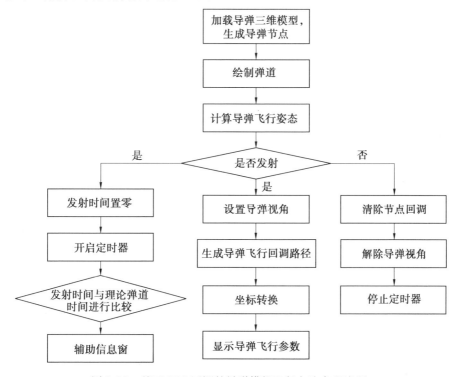

图 7.29　基于 OSG 回调的导弹模拟飞行方法实现流程

在开启发射的同时,将发射时间置零,由于 Qt 中的定时器精度可达到毫秒级,满足模拟需求。辅助信息窗通过定时器将发射时间与理论弹道时间进行比较,满足要求的理论弹道数据直接送到辅助信息窗进行显示。停止发射后,直接清除导弹节点绑定的回调,解除导弹视角,并停止定时器。

在绘制弹道时,将理论弹道数据读入链表 QList < missleMessage > missleMessageList 中进行存储,导弹发射时将发射时间置零,等待合适的参量送到辅助信息窗中,调用 QCustomPlot::addData(double x, double y) 函数将实时的曲线点加入曲线点集中,调用 QCustomPlot::replot( ) 函数重绘当前子窗体中的显示。实现的辅助信息窗如图 7.30 所示,主要显示导弹的高度、弹目距离、速度、发射系俯仰角-偏航角、发射系滚转角及弹下点航程,同时可显示当前数据点和进度,可对窗体中结果进行清除和恢复。

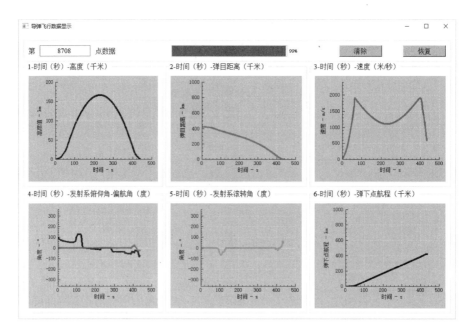

图 7.30 实时的辅助信息窗(彩图见附录 2)

3. 模拟飞行目标按指定航线飞行

图 7.31 所示为战斗机按指定路线巡航。利用粒子效果模拟战斗机的尾焰,对战斗机进行跟踪时,添加白色的跟踪罩,可提高识别度。

图 7.31 战斗机按指定路线巡航(彩图见附录 2)

7.5 本章小结

OSGEarth 是一款功能强大的三维 GIS 开源工具,采用瓦片数据服务技术结合 LOD 可以实现海量地形地貌模型的高效组织和渲染,实现图层管理、基于地心坐标系的三维漫游、三维测量等常用三维 GIS 功能,可用于水利、交通、化工、军事等领域包含真实地形背景的三维仿真系统开发,具有高效、快速、稳定、价格低廉等优点。

本章基于 OSGEarth 和 Qt 开发了三维态势显示软件,实现实时地形渲染机制及三维地形场景中交互响应机制,实现矢量、影像、高程数据的加载和坐标查询、距离测量、波束管理及调度、航线管理、可视区域管理显示、航迹模拟等功能。

本章参考文献

[1] 杨化斌. OpenSceneGraph3.0 三维视景仿真技术开发详解[M]. 北京:国防工业出版社,2012.

[2] 陈波,任清华,杨化斌. 基于 OSGEarth 的三维数字地球平台设计与实现[J]. 电子科技,2015,28(10):65-68.

[3] 吴晓雪,任鸿翔,张显库,等. 基于 OSGEarth 三维数字地球建设的研究[J]. 大众科技,2015,17(1):1-3.

[4] 韩哲,刘玉明,管文艳,等. OSGEarth 在三维 GIS 开发中的研究与应用[J]. 现代防御技术,2017,45(2):14-21.

[5] 吴小东,许捍卫. 基于 OSGEarth 的城市三维场景构建[J]. 地理空间信息,2013,11(2):107-110.

[6] 王雷,丁华. 基于 OSGEarth 的大型三维空战场景的搭建[J]. 软件,2016,37(1):114-116.

[7] 刘增明. 基于 OSG 的战场视景仿真研究[D]. 成都:电子科技大学,2014.

[8] 周志增. 一种基于 OSGEarth 和 QT 的理论弹道模拟显示软件[J]. 雷达与对抗,2024,37(1):114-116.

第8章

雷达数据处理软件开发与应用

8.1 雷达数据处理软件简介

8.1.1 开发背景

在现代战争中,随着目标机动性的提高,武器杀伤力的增强,目标平台的多样性、密集性、低可观测性的增加及对抗措施先进性的加强,雷达数据处理技术得到不断的发展和进步。雷达数据处理技术利用雷达提供的信息来估计目标航迹并预测目标的未来位置。对雷达测量数据进行互联、跟踪、滤波、平滑、预测等处理,可以有效抑制测量过程中引入的随机误差,精确估计目标位置和有关的运动参数(如速度和加速度等),预测目标下一时刻的位置,并形成稳定的目标航迹。因而,雷达数据处理的目的是最大限度地提取目标的坐标信息,以便对控制区域内目标的运动轨迹进行估计,并给出它在下一时刻的位置推移,实现对目标的高精度实时跟踪。

Qt软件作为一种源代码级跨平台的开发框架,便于程序开发,使得Qt成为开发图形用户界面的常用工具。通常,雷达的数据处理都在后台运行,并且是对外封闭的,用户无法根据任务特点进行相关参数调整。本章基于Qt框架开发可独立运行的某三坐标雷达数据处理软件,通过网络实现点迹接收和航迹发送,实现雷达数据处理的部分功能对外开放,便于用户根据需求进行调整,结合判定准则对虚假航迹进行判定,给出判定结果。

8.1.2 功能描述

数据处理软件的功能主要是从主控软件组播或者点迹模拟训练软件接收点迹数据,从 PPI 显控台接收控制字命令,通过数据处理得到目标航迹信息,并将处理后的航迹信息组播发送给 PPI 显控台、模式控制软件和数据录取软件。数据处理软件与其他软件的接口关系图如图 8.1 所示。

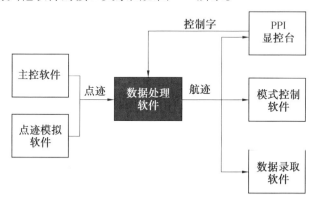

图 8.1 数据处理软件与其他软件的接口关系图

主控软件接收点迹或者点迹模拟器生成的模拟点迹,点迹通过网络送给数据处理软件,数据处理生成航迹数据分别送给 PPI 显控台、模式控制软件和数据录取软件。此外,数据处理响应 PPI 显控台反馈的控制指令,比如删除、撤销航迹等。

8.2 雷达数据处理软件设计

8.2.1 总体设计

开发的数据处理软件示意图如图 8.2 所示,软件的开发环境如图 8.3 所示。数据处理软件基本组成如下。

(1)起始算法。集成多种逻辑法,可任意选择。

(2)滤波条件。集成残差、方向、速度等滤波方法,对航迹质量进行控制,可实现多假设航迹启动。

(3)波门设置。对点点相关和点航相关波门参数进行设置。

(4)目标信息。目标信息包括点迹列表和航迹列表,实时显示目标点迹和航迹信息。

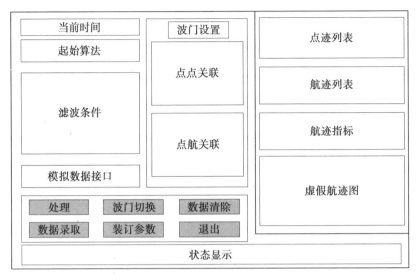

图 8.2 数据处理软件示意图

图 8.3 软件的开发环境

(5)航迹指标。对虚假航迹数、虚假航迹持续时间、单位时间虚假航迹数等航迹评估指标进行统计。

(6)虚假航迹图。动态显示虚假航迹变化图,对虚假航迹数进行实时观察,可准确捕捉外界杂波和干扰动态变化情况。

(7)控制区。完成对程序的处理、波门切换、数据清除、数据录取、装订参数等操作。

(8)状态显示。对数据处理开关状态、数据录取状态、航迹质量数及杂波分区点迹统计数等进行显示,可直观获取目前软件所处工作状态。

(9)模拟数据模口。用于对模拟数据的发送进行控制。

(10)点点关联、点航关联。用于设置点点关联和点航关联参数。

8.2.2 新建项目

具体操作如下。

(1)打开 Qt 开发软件,选择"新建项目",在项目中选择"Application",在中间应用中选择"Qt Widgets Application",点击"Choose"按钮,如图 8.4 所示。

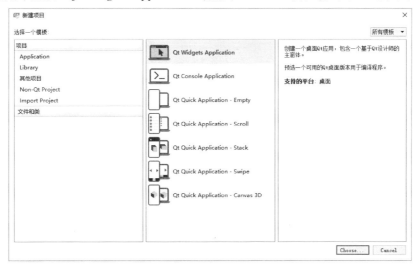

图 8.4 选择项目应用类型

(2)在项目"名称"输入框中输入将要开发的应用程序名"DataProcess",在"创建路径"中选择应用程序所保存的位置路径,单击"下一步",如图 8.5 所示。

图 8.5 项目名称和创建路径

(3) 在 Kit Selection 中选择编译器为"Desktop Qt5.9.5 MinGW 32bit",单击"下一步"按钮,如图 8.6 所示。

图 8.6　选择编译器

(4) 在基类中,选择"QWidget",类名输入"mainWidget",勾选"创建界面"复选框,默认由系统自己生成初始空界面,单击"下一步"按钮,如图 8.7 所示。

图 8.7　选择项目类名

(5) 点击"完成"按钮,完成数据处理项目的新建,如图 8.8 所示。

第 8 章 雷达数据处理软件开发与应用

图 8.8 项目信息汇总

8.2.3 界面设计

(1) 在项目新建完成之后,在项目栏显示如下的项目工程文件,如图 8.9 所示。

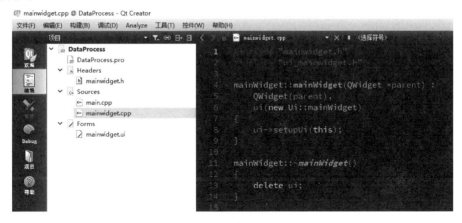

图 8.9 项目工程文件

(2) 打开 mainWidget.ui GUI 界面文件,如图 8.10 所示。

在空白界面上依次拖入 QPushButton、QCheckBox、QLabel、QLineEdit、QGroupBox、QTableWidget 等控件,软件界面如图 8.11 所示。

(3) 在项目文件 DataProcess 上右键,选择"添加新文件…",添加参数设置子界面,如图 8.12 所示。

在新建文件中,模板中选择"Qt",在设计类型中选择"Qt 设计师界面类",点击"Choose"按钮,如图 8.13 所示。

典型相控阵雷达数据处理软件开发与应用:基于 MATLAB 和 Qt 实现

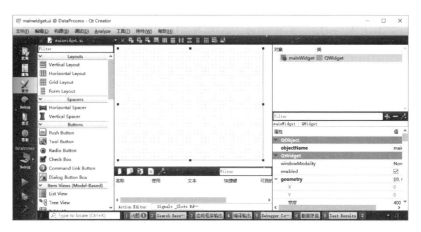

图 8.10 mainWidget.ui GUI 界面文件

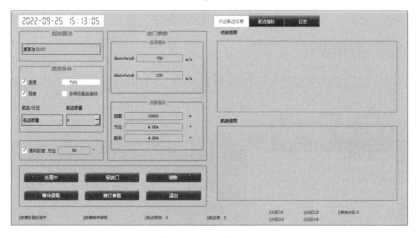

图 8.11 软件界面

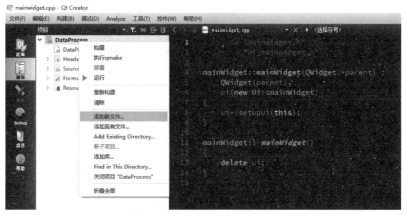

图 8.12 添加参数设置子界面

第8章 雷达数据处理软件开发与应用

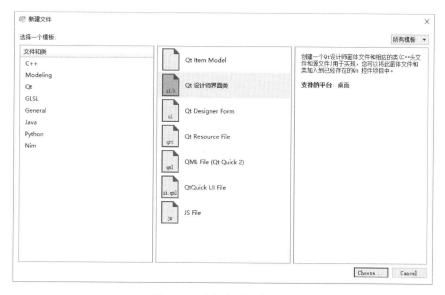

图8.13 选择新建文件类型

在Qt设计界面类中,选择"Widget",屏幕大小选择"默认"(默认为QVGA纵向(240×320)),单击"下一步"按钮,如图8.14所示。

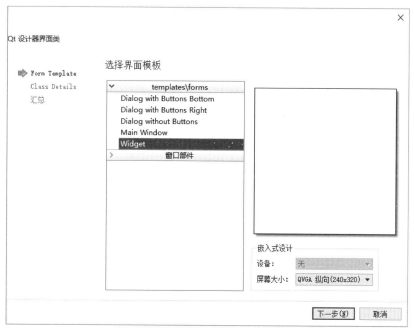

图8.14 选择Qt设计界面类型

在"类名"中填入paraSetForm,选择路径,单击"下一步"按钮,如图8.15所示。

177

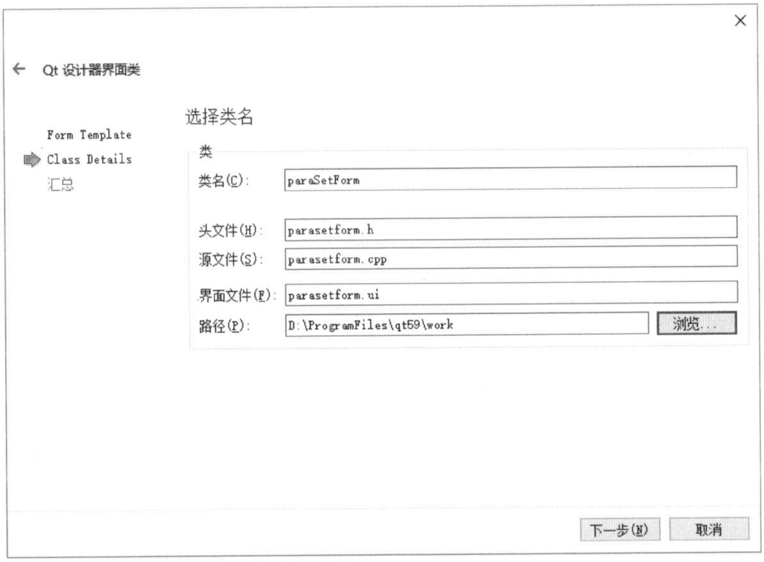

图 8.15　更改类名和存储路径

在生成的空界面中,依次拖入相应的控件,最后的界面如图 8.16 所示。

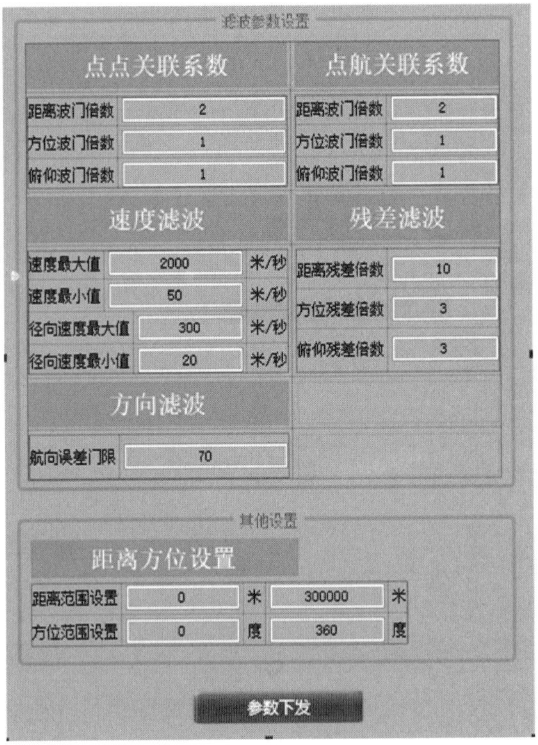

图 8.16　参数设置子界面

8.3 雷达数据处理软件功能实现

8.3.1 算法实现总体思路

1. 设计框架

算法是在 Qt 框架下实现的,采用多线程完成程序的设计。程序主要由 WorkProccessing.cpp、process_thread.cpp、send_trace.cpp、workthread.cpp 四个类完成数据处理主体功能。其中,workthread.cpp、send_trace.cpp、process_thread.cpp 为三个工作在不同线程下的任务,workthread.cpp 负责接收点迹,send_trace.cpp 负责完成航迹发送,process_thread.cpp 负责完成数据处理;WorkProccessing.cpp 为数据处理主程序类,包含航迹起始、关联等相关处理函数,后续相关虚假航迹抑制算法都在此类中进行添加。图 8.17 所示为数据处理软件运行框架,由主线程、接收点迹子线程、数据处理子线程、发送航迹子线程、点迹循环队列及航迹循环队列组成。相比于传统的 MFC 框架,在 Qt 下开发桌面应用程序更为方便快捷。

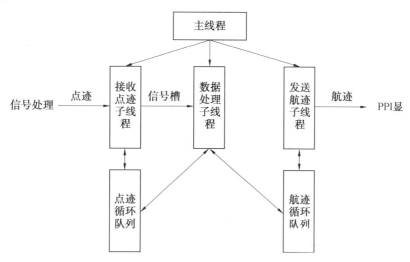

图 8.17 数据处理软件运行框架

2. 模块组成

对雷达数据处理流程进行梳理,明确每一个处理模块的基本功能。数据处理流程由点迹预处理、航迹关联与分辨部件、航迹清除、航迹启动、状态估计与预测、航迹威胁排序六个模块组成。其中航迹预处理主要由点迹合法性判断、禁止窗的使用、全局变量检查三个子模块组成,而其他五个模块由相应的子模块组成,具体如图8.18所示,主要成员变量和主要成员函数分别见表8.1和表8.2。

表8.1　主要成员变量

名称	作用
航迹数组	用来存储航迹(长度为最大航迹数+待启动点迹数)
点迹数组	用来存储本周期接收的所有点迹测量信息
点迹与航迹关联计数数组	保存与同一个航迹相关联的点迹个数
航迹与点迹关联计数数组	保存与同一个点迹相关联的航迹个数
本周期未关联点迹号数组	保存本周期未关联的点迹号
点航关联管理表	保存点航关联值
点点关联管理表	保存点点关联值

表8.2　主要成员函数

名称	作用
计算点航互联表值函数	判断点航是否关联,并保存点航互联值
点航分辨	唯一确定一个点迹与一个航迹互联
航迹清除	清除航迹
盲推卡尔曼滤波	计算出下一周期的航迹距离、方位的预报值
航迹启动	计算未关联点迹数函数,初始化点航相关计数器函数,判断是否还有待判断的点迹对,将本周期待启动点迹写入航迹表,计算距离方位综合值
状态估计与预测	得到航迹预测值、滤波值、更新的航迹表

按照点迹报文进入数据处理中的顺序来看,数据处理算法的步骤如下。

(1)第一个数据包进入数据处理时,此时航迹数为0,无法进行点航关联,所有的点迹都为未关联点迹,将未关联点迹直接转成待启动点迹,保存在航迹数组的后面,将待启动点迹计数器赋值。

(2)等到第二个点迹包进入数据处理时,首先初始化点航相关计数器函数。此时,航迹数为0,不存在点航关联,但可以进行点点关联计算,即未关联点迹和未启动点迹(存放在航迹数组中)之间进行关联,计算点点互联值,并填写点点互联表;两个点出现关联,调用起始卡尔曼滤波函数,航迹个数+1;最后将上一周期的待启动点迹清空,将本周期的未关联点迹作为待启动点迹保存。

(3)第三个数据包进入数据处理,此时航迹数不为0,首先和航迹进行点航关联,关联上就调用卡尔曼滤波函数;然后进入航迹启动,和第(2)一样,如此

第 8 章 雷达数据处理软件开发与应用

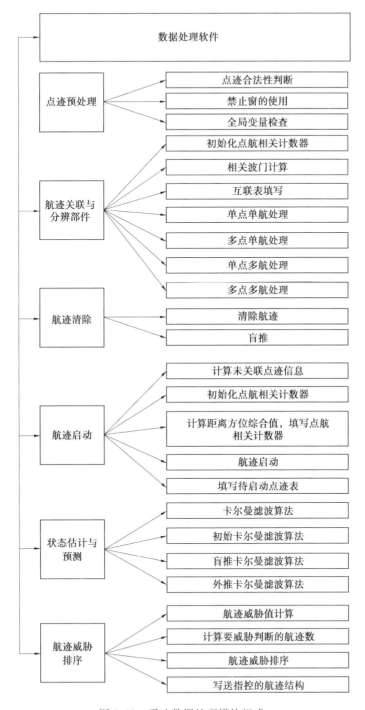

图 8.18 雷达数据处理模块组成

循环。

（4）航迹如果没有关联点迹，就调用盲推卡尔曼滤波函数，对航迹的盲推次数和航迹质量进行计数，大于一定阈值进行航迹清除。

图 8.19 所示为典型相控阵雷达的数据处理流程框图，首先接收外部送来的点迹信号，判断航迹是否存在，分别对待启动点迹和点航关联两个分支进行处理，具体处理过程如下。

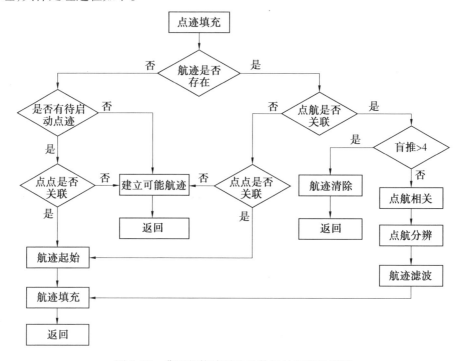

图 8.19　典型相控阵雷达的数据处理流程框图

具体的点航关联过程如图 8.20 所示，分为以下两种情况。

（1）假设已建立起航迹，在航迹表中存在待启动点迹。在下一个周期，接收到点迹信息后，如图 8.20 中椭圆所示。点迹首先和航迹进行关联处理，利用关联点迹对航迹进行更新，未关联点迹存入待关联点迹数组中，和待启动点迹进行相关处理，存在关联则启动新航迹。否则，将待关联点迹中的余下点迹存入航迹表中的待启动点迹，清空上一周期的待启动点迹。

（2）对于第一个周期的点迹，直接作为待启动点迹和下周期的点迹进行关联处理，可看作第一种情况的特殊情况。

3. 模块功能

（1）预处理。

预处理是为数据处理做好数据的准备工作，保证数据的正确性和有效性，可

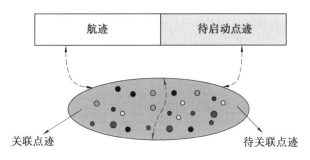

图 8.20　点航关联过程

经过判别将无效数据和错误数据去除,而且将禁止窗内的点迹数据去除,不做处理。对各点迹判断其合理性,剔除野值,将判断后合理合法的点迹信息写入点迹信息数组。

输入。搜索雷达通道信息,包括各通道的波位号、点迹数、各点迹信息、禁止窗个数和各禁止窗信息。

输出。合理合法的点迹信息。

处理。从共享数据中得到各波位的波位号和波位对应的点迹数等点迹信息,如果各通道有有效个数的点迹到来,则判断该通道点迹数据的合理性。

(2)点航分辨与关联。

①点航互联。

输入。点迹、目标航迹。

输出。点航迹对(已关联上的点迹、航迹)、未关联上的点迹、未关联上的航迹(处理后的点航迹互联表)。

处理。检验点迹测量值是否落入互联门,是则判定此点迹与航迹关联,否则不关联。

点航互联流程图如图 8.21 所示。

②点航分辨。

输入。已关联的点航迹对(经点航关联处理后的点航迹互联表)。

输出。配对的点航迹对、滤波结果及处理后的点航迹互联表。

处理。根据分辨规则处理点航迹互联表,唯一确定一个点迹与一个航迹互联,并调用卡尔曼滤波函数,主要有以下四种处理方式。

(a)判断是否为单点对单航,如果是则直接调用卡尔曼滤波函数,把点迹与航迹关联计数数组和航迹与点迹关联计数数组同时置成已处理,点航迹互联表同样置成已处理。

(b)判断是否为多点对单航,如果是则处理方法同(a),不同的是最后要进行后处理,将与该航迹有关的点航互联表都置成已处理,同时将航迹与点迹关联计

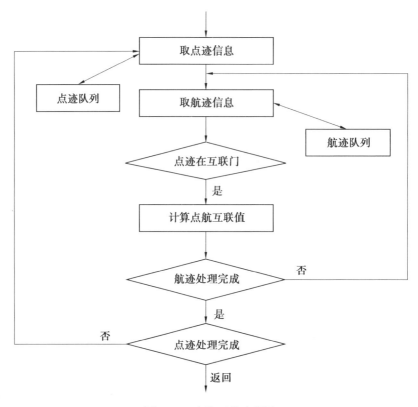

图8.21 点航互联流程图

数数组置零。

(c)判断是否为单点对多航,如果是则处理方法同(b),不同的是在后处理将与该点迹有关的点航互联表都置成已处理,同时将点迹关联航迹计数数组置零。

(d)判断是否为多点对多航,如果是则通过点迹、航迹双重循环搜索整个点航互联表中的最小值,找到与最小值对应的点迹号和航迹号,将与其索引对应的相关联的航迹计数和点迹计数数组都置为零,同时进行(b)(c)中提到的后处理,再对最小值对应的点迹信息和航迹信息调用卡尔曼滤波函数进行滤波处理。

用表格的形式对点航分表的四个判定准则加以描述,按照点航分辨规则处理单点对单行的情况见表8.3,表格中"☆"表示点航不关联,"★"表示点航关联。按照点航分辨规则处理多点对单行的情况见表8.4,按照点航分辨规则处理单点对多行的情况见表8.5,按照点航分辨规则处理多点对多行的情况见表8.6。

表8.3　按照点航分辨规则处理单点对单行的情况

点迹	航迹					点迹关联计数器
	航迹1	航迹2	航迹3	…	航迹24	
点迹1	☆	☆	☆		☆	—
点迹2	☆	★	☆		☆	1
点迹3	☆	☆	☆		☆	
…						
点迹72	☆	☆	☆		☆	—
航迹关联计数器	—	1	—		—	

表8.4　按照点航分辨规则处理多点对单行的情况

点迹	航迹					点迹关联计数器
	航迹1	航迹2	航迹3	…	航迹24	
点迹1	☆	☆	☆		☆	—
点迹2	☆	★	☆		☆	1
点迹3	☆	★	☆		☆	1
…						
点迹72	☆	★	☆		☆	—
航迹关联计数器	—	3	—		—	

表8.5　按照点航分辨规则处理单点对多行的情况

点迹	航迹					点迹关联计数器
	航迹1	航迹2	航迹3	…	航迹24	
点迹1	☆	☆	☆		☆	—
点迹2	☆	☆	☆		☆	1
点迹3	★	★	★		☆	3
…						

续表8.5

点迹	航迹					点迹关联 计数器
	航迹1	航迹2	航迹3	...	航迹24	
点迹72	☆	☆	☆		☆	—
航迹关联 计数器	1	1	1		—	—

表8.6 按照点航分辨规则处理多点对多行的情况

点迹	航迹					点迹关联 计数器
	航迹1	航迹2	航迹3	...	航迹24	
点迹1	☆	★	☆		☆	1
点迹2	☆	★	★		☆	2
点迹3	☆	★	★		☆	2
...						
点迹72	☆	☆	☆		☆	—
航迹关联 计数器	—	3	2		—	—

(3)航迹清除。

输入。经过点航关联和分辨处理后的点航互联数组。

输出。做航迹清除和盲跟次数修正后的新的航迹管理表,并根据条件进行盲推滤波。

处理。判断航迹管理表中未关联航迹的盲跟次数是否为 N(N 根据具体取值,一般为 $3\sim6$),若为 N 则将该航迹清除,否则将该航迹的盲跟次数加1,进行盲推。

(4)航迹启动。

输入。待启动点迹数组、记录未关联点迹的数组和点迹表。

输出。新的航迹表和处理后的待启动点迹数组。

处理。先将点迹表中的未关联点迹找出,并保存到一个数组中。航迹启动需在航迹清除后面进行。将本周期未关联点迹与待启动点迹表中的待启动点迹进行关联,取相关联中的综合值较小的进行航迹启动,起始新的航迹。并将启动点迹表清空,将点迹表中的未关联点迹写入启动点迹表。

(5)状态估计与预测。

输入。上一周期航迹的距离和方位的预报值、要处理的航迹号、本周期的点迹测量值及雷达工作模式。

输出。状态估计与预测后的航迹预报值、滤波值,更新航迹表。

处理。采用高精度的卡尔曼滤波,调用卡尔曼滤波函数。

8.3.2 算法实现

1. 定义相关数据结构体

在项目头文件中,新增 dataStruct.h 用来定义相关数据结构体。

(1) GPS 时间。

```
//GPS 时间数据结构
typedef struct _stGpsTime
{
    unsigned uYear:16;
    unsigned uMonth:4;
    unsigned uDay:5;
    unsigned uHour:5;
    unsigned uSlowValueLsb0_1:2;
    unsigned uMinute:6;
    unsigned uSecond:6;
    unsigned :4;
    unsigned uMsel:10;
    unsigned uSlowValueLsb2_7:6;
}GPS_TIME;
```

(2) 单个点迹数据结构。

```
typedef struct
{
    unsigned short usAmp;    //目标回波幅度
    int iR;    //点迹距离,m
    unsigned short sAz;    //点迹方位(0.01度)
    short sEl;    //点迹俯仰(0.01度)
    GPS_TIME utTime;    //目标波束照射时刻
}POINT_DATA;
```

(3) 数据包数据结构。
```
typedef struct
{
    unsigned char ucType;           //数据包类型,必须在第一个字
    unsigned long ucPackNum;        //数据包序号
    unsigned char ucFrameEnd;       //结束标志 D0 = 1 帧结束;D0 = 0 非帧
                                      结束
    unsigned short usPtNum;         //点迹个数
    GPS_TIME stGpsTime;             //用于标识侦结束时刻
    unsigned uRdrHeight:16;         //海拔高度,量化单位:0.1m
    unsigned short usAzValue;       //方位值,量化单位:360 度/2^16
    unsigned short usElValue;       //俯仰值,量化单位:360 度/2^16
    POINT_DATA      Data[MAX_POINT_NUM];   //点迹参数
}POINT_PACK;
```

(4) 单个航迹点结构。
```
//搜索目标航迹数据结构
typedef struct
{
    unsigned shortsNo;       //目标批号 1~65535
    //滤波值
    int iFilterR;            //目标距离(m)
    unsigned short  sFilterA;    //目标方位(0.01 度)
    short sFilterE;          //目标俯仰(0.01 度)
    short VFilterV;          //目标速度(0.1m/s)
    shorts FilterVx;         //目标 x 速度(0.1m/s)
    shorts FilterVy;         //目标 y 速度(0.1m/s)
    shorts FilterVz;         //目标 z 速度(0.1m/s)
    shorts Frequency;        //频率点
    //预测值
    int iPredictRa;          //目标距离(m)预测值
    unsigned shorts PredictAlfa;   //目标方位(0.01 度)
    shorts PredictBeta;      //目标俯仰(0.01 度)
    short sPredictV;         //目标速度(0.1m/s)
    short sPredictVr;        //目标径向距离(0.1m/s)
    shorts PredictVa;        //目标方位角速度(0.01 度/s)
```

```
    shorts PredictVe;          //目标俯仰角速度(0.01度/s)
    unsigned short   Ai;       //目标回波幅度
    GPS_TIMEtime;              //目标波束照射时刻
    //测量值
    unsigned int    R1;
    double     A1;
    double     E1;
}TARGET_SEARCH;
```

(5)航迹包数据结构。

```
typedef struct
{
    unsigned char cType;        //数据包类型,必须在第一个字
    unsigned intiPackNum;       //数据包序号
    unsigned char cTrackNum;    //此数据包中有效目标个数
    shorts SearchingB;          //搜索带宽,MHz
    shorts SearchingAGC;        //搜索 AGC,db
    TARGET_SEARCH    Data[MAX_TRACE_NUM];  //航迹数据信息
}TracePack;
```

(6)航迹队列。

```
typedef struct   //定义发送给显控的航迹队列
{
    TracePack  *pHead;
    TracePack  *pRear;
    TracePack Ring[RING_LENGTH];
}TracePackRing;
```

2. 接收点迹线程

(1)功能描述。

接收点迹线程主要实现接收从网络中发送过来的数据包,转发给主界面进行显示,同时送给点迹填充功能函数 DumpReceiveData,对整个帧周期内的点迹进行收集包装。

(2)代码实现。

① receiverDotThread.h 头文件。

```
#ifndef RECEIVERDOTTHREAD_H
#define RECEIVERDOTTHREAD_H
```

```cpp
#include <QThread>
#include <QUdpSocket>
#include "DataStruct.h"
#include "const.h"
#include "struct.h"
#include "QDebug"
#include <QTextEdit>
typedef struct
{
    QByteArray point_data;
    int receivenum;
}_pointdata;
class Widget;
class receiverDotThread : public QThread
{
    Q_OBJECT
public:
    receiverDotThread();
    receiverDotThread(Widget * pWid);
    Widget * pWidget;
    void run();
private:
    QUdpSocket * trackSocket;
    bool stopped;
    int iszubo1;
    _pointdata pointdata;
signals:
    void send_dot(_pointdata);
};
#endif//RECEIVERDOTTHREAD_H
```

②receiverDotThread.cpp 实现文件。

```cpp
#include "receiverDotThread.h"
#include <QDebug>
#include "widget.h"
#include <QtGlobal>
```

```cpp
#include <QTime>
#include <QDebug>
#include "Globalext.h"
#include "debugInform.h"
receiverDotThread::receiverDotThread()
{

}
receiverDotThread::receiverDotThread(Widget * pWid)
{
    pWidget = pWid;
    stopped = false;
    trackSocket = new QUdpSocket(this);
    int receive = trackSocket->bind(QHostAddress("127.0.0.1"),5522,
    QUdpSocket::ShareAddress);
}
void receiverDotThread::run()
{
    while(! g_Quit)
    {
        QByteArray point_data;
        int receivenum = 0;
        while(trackSocket->hasPendingDatagrams())
        {
            point_data.resize(trackSocket->pendingDatagramSize());
            receivenum = trackSocket->readDatagram(point_data.data(),
            point_data.size());
            if(receivenum == dataLen)
            {
                pointdata.point_data = point_data;
                pointdata.receivenum = receivenum;
                emit send_dot(pointdata);
            }
            msleep(5);
        }
    }
```

(3) 方法说明。

①构造函数 receiverDotThread(Widget * pWid)。

定义 trackSocket 套接字变量,并绑定本地 IP 和端口号。

②run( ) 函数。

进行点迹报文接收,对报文长度进行判断,如果符合规定长度,则通过信号槽将报文发送到数据处理环节。

3. 航迹发送线程

(1) 功能描述。

该子线程将处理得到的航迹结果通过组播发送,为 PPI 显提供航迹。

(2) 代码实现。

①头文件 Send_Trace.h。

```
#ifndef SEND_TRACE_H
#define SEND_TRACE_H
#include <QThread>
#include <QUdpSocket>
class Send_Trace : public QThread
{
    Q_OBJECT
public:
    Send_Trace( );
    Send_Trace( Widget * pWid);
    Widget * pWidget;
protected:
    QUdpSocket * trackSocket;
    voidrun( );
signals:
    voidsend_track( TRACEDATA);
};
#endif//SEND_TRACE_H
```

②实现文件 Send_Trace.cpp。

```
#include "send_trace.h"
Send_Trace::Send_Trace( )
{
```

```cpp
}
Send_Trace::Send_Trace(Widget *pWid)
{
    pWidget = pWid;
    trackSocket = new QUdpSocket(this);
    trackSocket->setSocketOption(QAbstractSocket::MulticastLoopbackOption,1);
}
void Send_Trace::run()
{
    char buf[9750];
    TracePack track;
while(! g_Quit)
    {
        int pack_len = sizeof(TracePack);
        while(TraceRing.pRear ! = TraceRing.pHead)
        {
            memcpy(buf,g_DcTraceRing.pRear,pack_len);
        //向PPI显发航迹数据
            char *buf_chr = buf;
            QHostAddress mcast_addr("224.50.100.105");
            QByteArray data(buf_chr);
            trackSocket->writeDatagram(buf,pack_len,mcast_addr,13316);
            if(TraceRing.pRear = = &TraceRing.Ring[9])
                {
                    TraceRing.pRear = &TraceRing.Ring[0];
                }
            else
                {
                    TraceRing.pRear++;
                }
        }
    }
    msleep(5);
}
```

(3) 方法说明。

发送任务主要在 run( ) 函数中实现,将航迹包向指定组播地址和端口发送。通过设置一个跟踪航迹循环队列结构 TraceRing 作为全局常量,循环接收存储航迹信息,循环结构由头航迹指针、尾航迹指针和航迹数组组成,数组长度为10,具体数据格式见第8.3节相关数据结构体定义。

4. 卡尔曼滤波实现

(1) 功能描述。

数据处理算法类主要用来实现具体的数据处理算法,完成中间变量的初始化、功能函数的声明与实现。

参考第4.6节介绍的修正常增益自适应滤波方法中的递推公式,给出卡尔曼滤波的实现代码,仅供参考。

(2) 代码实现。

```
int kalm( int i, int tt_num)
{
    double F1, F2, F3, F4;
    double dB, deltB;
    double Gp, Hp, Mp, Np, G, H, M, N;
    double Gy, Hy, My, Ny;
    double qr11, qr22, qr12, qb11, qb22, qb12;
    double a, b, c, d;
    double SNRR, SNRB;
    double tt;
    double dlar = 5.0;
    double dlab = 0.5/1000.0;
    double A, B, L, P;
    double Rk, Bk, Rf, Rvf, Bf, Rp, Rvp, Bp, Rmp, Rwf, Rwp;
    double    Inte_CR = 1;
    double    Inte_CB = 1;
    double    Inte_AR = 50.0;
    double    Inte_AB = 17.4;
    double    Inte_pR = 50.0;
    double    Inte_pB = 17.4;
    double    Inte_R = 0.0;
    double    Inte_B = 0.0;
```

tt = 1;
Rk = PoinArr[i].R;
Bk = PoinArr[i].Azim;
Rf = TracArr[B_deg][tt_num].R_FiltValu;
Rvf = TracArr[B_deg][tt_num].R_SpeeFiltValu;
Bf = TracArr[B_deg][tt_num].Azim_FiltValu;
Rp = TracArr[B_deg][tt_num].R_ForeValu;
Rvp = TracArr[B_deg][tt_num].R_SpeeForeValu;
Bp = TracArr[B_deg][tt_num].Azim_ForeValu;
Rmp = TracArr[B_deg][tt_num].Rmp;
Rwf = TracArr[B_deg][tt_num].T_SpeeFiltValu;
Rwp = TracArr[B_deg][tt_num].T_SpeeForeValu;
A = DLR * DLR;
B = DLB * DLB;
L = 1.0;
P = 1.0;
qr11 = tt * tt * tt * tt/4.0;
qr12 = tt * tt * tt/2.0;
qr22 = tt * tt;
qb11 = qr11;
qb12 = qr12;
qb22 = qr22;
a = (qr12 * tt−qr11) * dlar * dlar;
b = (qr11+qr22 * tt * tt−qr12 * tt) * dlar * dlar;
c = (qb12 * tt−qb11) * dlab * dlab;
d = (qb11+qb22 * tt * tt−qb12 * tt) * dlab * dlab;
G = TracArr[B_deg][tt_num].P[0];
H = TracArr[B_deg][tt_num].P[1];
M = TracArr[B_deg][tt_num].P[2];
N = TracArr[B_deg][tt_num].P[3];
Gp = TracArr[B_deg][tt_num].Pp[0];
Mp = TracArr[B_deg][tt_num].Pp[2];
F3 = G * L/(G * L+A);
F2 = (G+H) * L/(G * L+A)/tt;
F4 = M * P/(M * P+B);

```
F1=(M+N)*P/(M*P+B)/tt;
dB=Bk-Bp;
if(dB<-PAI)    {dB=dB+PAI*2;}
if(dB>PAI)     {dB=dB-PAI*2;}
Rf=Rmp+F3*(Rk-Rmp);
Rvf=Rvp+F2*(Rk-Rmp);
Bf=Bp+F4*dB;
Rwf=Rwp+Rk*F1*dB;
Rp=Rf+Rvf*tt;
if((Rp<0.0000001)&&(Rp>-0.0000001))
    {
        return(KALM*100+1);
    }
deltB=dB*Rk*F4/Rf+Rwf*tt/Rp;
Rmp=Rp*(1.0+deltB*deltB/2.0);
Rvp=(Rvf+Rwf*deltB)*(1.0-deltB*deltB/2.0);
Rwp=(Rwf-Rvf*deltB)*(1.0-deltB*deltB/2.0);
Bp=Bf+Rwf*tt/Rp;
Bf=pass_zero_correct(Bf);
Bp=pass_zero_correct(Bp);
Gy=H*(2.0-(2.0*G*L+H*L)/(G*L+A))+(4.0*A*G+2.0*A*H)/(G*L+A)+A*Gp/(Gp*L+A)+b-a;
Hy=-(2.0*G+H)*A/(G*L+A)+a;
My=N*(2.0-(2.0*M*P+N*P)/(M*P+B))+(4.0*B*M+2.0*B*N)/(M*P+B)+B*Mp/(Mp*P+B)+d-c;
Ny=-(2.0*M+N)*B/(M*P+B)+c;
    TracArr[B_deg][tt_num].P[0]=Gy;
    TracArr[B_deg][tt_num].P[1]=Hy;
    TracArr[B_deg][tt_num].P[2]=My;
    TracArr[B_deg][tt_num].P[3]=Ny;
    TracArr[B_deg][tt_num].Pp[0]=G;
    TracArr[B_deg][tt_num].Pp[1]=Gy+A;
    TracArr[B_deg][tt_num].Pp[2]=M;
    TracArr[B_deg][tt_num].Pp[3]=My+B;
    TracArr[B_deg][tt_num].R_FiltValu=Rf;
```

TracArr[B_deg][tt_num].R_SpeeFiltValu=Rvf；
TracArr[B_deg][tt_num].Azim_FiltValu=Bf；
TracArr[B_deg][tt_num].R_ForeValu=Rp；
TracArr[B_deg][tt_num].R_SpeeForeValu=Rvp；TracArr[B_deg][tt_num].Azim_ForeValu=Bp；
 TracArr[B_deg][tt_num].Azim_ForeValu = pass_zero_correct(TracArr[B_deg][tt_num].Azim_ForeValu)；
TracArr[B_deg][tt_num].Rmp=Rmp；
TracArr[B_deg][tt_num].T_SpeeFiltValu=Rwf；
TracArr[B_deg][tt_num].T_SpeeForeValu=Rwp；
TracArr[B_deg][tt_num].EnemMeAttr=PoinArr[i].EnemMeAttr；
TracArr[B_deg][tt_num].FiltTime++；
TracArr[B_deg][tt_num].BlinExtrTime=0；
TracArr[B_deg][tt_num].B_deg = B_deg；
return(0)；
}

（3）方法说明。

根据本周期的航迹距离、方位的测量值、滤波值和预报值，依据卡尔曼滤波算法，计算出下一周期的航迹距离、方位的预报值，同时将该航迹的航迹质量加1，盲目滤波次数置为0，并将每一周期的航迹距离、方位的测量值、滤波值和预报值保存到录取文件中。

5. 数据处理线程

（1）功能描述。

该线程直接调用数据处理算法类的数据处理接口函数，完成数据处理工作。

（2）代码实现。

本节给出主要run( )函数的实现代码。

```
void Process_thread::run( )
{
    CWorkProccessing *pWork；
    while(! g_Quit)
    {
        while(PointRing.pRear ! = PointRing.pHead)
        {
            Q_ASSERT(pWork ! = NULL)；
```

```
        if( nullptr! = pWork )
        {
            pWork->SetRdrHeight( PointRing. pRear->usRdrHeight);
            pWork->DataProcess( );
        }
        msleep(5);
        //队列指针下移
        if( PointRing. pRear = = &PointRing. Ring[9])
            PointRing. pRear=&PointRing. Ring[0];
        else
            PointRing. pRear++;
    }
}
```

（3）方法说明。

数据处理线程通过调用 DataProcess( )实现数据处理具体算法。

通过设置一个点迹循环队列结构 PointRing 作为全局常量,循环接收存储航迹信息,循环结构由头点迹指针、尾点迹指针和点迹数组组成,数组长度为10,具体数据格式见8.3节。

6. 抑制虚假航迹的滤波算法

虚假航迹是由非真实目标的雷达量测数据(杂波、干扰等)建立的虚假的、错误的目标航迹。在作战指挥时,如果态势中存在大量的虚假航迹,必然会给指挥员的作战决策带来严重干扰,因此任何一个探测系统所产生的虚假航迹越少越好,但目前探测环境日益复杂,并且存在许多有源、无源干扰,雷达为了能够尽早发现散射面积日益减小的作战平台,导致探测数据中会混杂部分杂波或干扰数据。当杂波密度过大时,仅单纯使用现有的航迹起始算法常常会建立较多的虚假航迹。

雷达数据处理中现有的杂波抑制方法可分为两类。一类是将杂波抑制问题归结为杂波环境下的数据关联问题,通过改进数据关联方法提高关联正确率。最经典的数据关联方法是最近邻域法,但这种方法仅适合杂波少、目标密度不大的情况;全局最近邻域法是使总距离或关联代价达到最小的数据关联方法,这种方法能够较好地适应目标密度相对较大的情况,但在密集杂波环境下同样不适用;联合概率数据关联和多假设跟踪是解决密集杂波环境下多目标数据关联问题的理论最优算法,但都存在计算量随目标数和杂波数呈指数增长的问题,工程上难以应用。近年来研究者一直致力于对其进行改进,减小计算量,改善性能,如 Fitzgerald 提出的简易联合概率数据关联算法,也被称为最近邻联合概率数据关联算法,Roecker 提出的一种 JPDA 算法,这两种算法的计算复杂度均随目标数目线性增长,相关文献提出了一种结构分支多假设跟踪方法,可以有效地减少计算量,另外还提出了其他新的数据关联方法,如基于模糊推理理论的数据关联算法、综合航迹分裂方法、联合集成概率数据关联方法等,这些方法在提高杂波环境下的正确关联率、减小关联计算量方面取得了进展,但实际应用起来仍然显得复杂。

另一类是采用工程常用的数据关联算法,辅以直接判别杂波点迹并予以剔除的方法抑制杂波。依据判别量的不同可分为两种,一种是基于杂波特性和回波信号幅度等信息判别杂波点迹的方法,即通过对杂波特性的分析、回波信息的积累、比较及综合判断滤除杂波点迹,由于杂波特性极为复杂,这种方法实际应用比较困难、效果有限;另一种是依据目标运动特性和点迹跨周期特性判别杂波点迹的方法,这种方法依赖对目标运动速度的假设,依据航迹速度区别目标点迹和杂波点迹,存在一定的局限性。

本设计舍弃复杂的数据处理算法,基于现有雷达数据处理方法,针对不同应用场合,增加多种逻辑法,对速度、残差、航迹质量、距离和方位滤波进行滤波,进一步提高数据处理抑制虚假航迹能力。同时,确定航迹评估指标,包括虚假航迹数、真实航迹数、虚假航迹持续时间、虚假航迹平均维持时间、航迹正确率、单位时间虚假航迹数。

虚假航迹抑制算法整体分为三个部分,分别为航迹启动模块、航迹滤波模块、航迹质量控制模块。如图 8.22 所示,三个模块可分别使用,也可交互使用,以更好地提高虚假航迹抑制能力。在以下对算法的验证中,都采用同一组点迹数据,数据编号为固定三坐标-工作状态.rrd,目标个数为 13 个。

(1)实现多种逻辑法。

①算法实现。

逻辑法简述如下。

(a)以第一次扫描量测为航迹头,对落入初始相关波门的第二次扫描量测进行点点关联,关联成功均可建立可能航迹;

(b)对上述每个可能航迹盲推,并建立后续相关域,以盲推点为中心,后续相关域大小由航迹盲推误差协方差确定。第三次扫描量测落入后续相关域离盲推点最近者给予相关。

(c)若后续相关域没有量测,则或撤消此可能航迹。

(d)继续上述的步骤,直到形成稳定航迹时,航迹起始方算完成。

(e)在历次扫描中,均未落入相关域参与航迹相关判别的量测(称为自由量

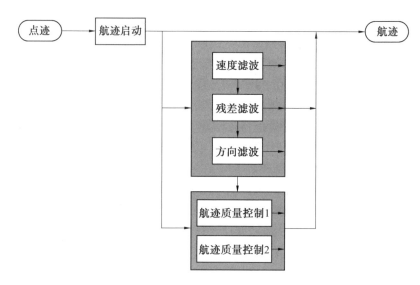

图 8.22 虚假航迹抑制算法总体流程

测)均作为新的航迹头,按(a)的方法处理。

用逻辑法确定航迹起始,何时才能形成稳定航迹,这个问题取决于航迹起始复杂性分析和性能的折衷,以及真假目标性能、密集的程度和分布、搜索传感器分辨力和量测误差等。如对飞机目标,一般需要 3~5 次扫描,对舰艇目标,至少需要 5~8 次扫描。经过 5~8 次扫描,只可能保留少数几条航迹。航迹起始滑窗法的 M/N 逻辑法是指在 N 次连续扫描中有不少于 M 次量测互联,即宣告航迹起始告成。将 M/N 逻辑法用于航迹起始,一般认为取 3/4 最为合适,取 $N=5$ 时改进的效果并不明显。M/N 逻辑法对应表见表 8.7。

表 8.7 M/N 逻辑法对应表

暂时航迹	1	2	3	4	5	M/N
○	○			√		2/2
○	○	×		√		2/3
○	×	○		√		2/3
○	×	○		√		2/3
○	○	○		√		3/3
○	×	○	○	√		3/4
○	○	×	○	√		3/4
○	○	○	×	√		3/4
○	○	○	○	√		3/4

续表8.7

暂时航迹	1	2	3	4	5	M/N
○	○	○	○	×	√	4/5
○	○	○	×	○	√	4/5
○	○	×	○	○	√	4/5
○	×	○	○	○	√	4/5
○	○	○	○	○	√	4/5

注：○—关联成功；×—关联失败；√—航迹起始成功。

为了性能与计算复杂程度的折衷，在多次扫描内，取 $1/2<M/N<1$ 是适宜的。$M/N>1/2$ 表示互联量测数过半，再作为可能航迹不可信赖。明显 M/N 不能大于 1；若取 $M/N=1$，表示每次扫描均有量测互联，这样过分相信环境安静。因此在 $2\leq N\leq 5$ 时，M/N 的值只有 2/3、3/4、3/5、4/5 可选。对于高速目标，取 $N=5$ 嫌时间长。因此，在工程上，只取下述两种情况。

（a）2/3 比值，作为快速启动。

（b）3/4 比值，作为正常航迹起始。

在算法改进中，添加多种逻辑法，如图 8.23 所示。整数 Count_1 代表扫描数；整数 Count_2 代表发现目标个数；数组 Count_3[ ] 记录每次扫描中是否发现目标，发现记 1，未发现记 0。M/N 值分别对应 2/2、2/3、3/3、3/4、4/4、4/5，以下简称逻辑起始 0、逻辑起始 1、逻辑起始 2、逻辑起始 3、逻辑起始 4、逻辑起始 5。其中，2/2 是雷达原有航迹起始逻辑。M/N 逻辑法实现流程如图 8.24 所示。

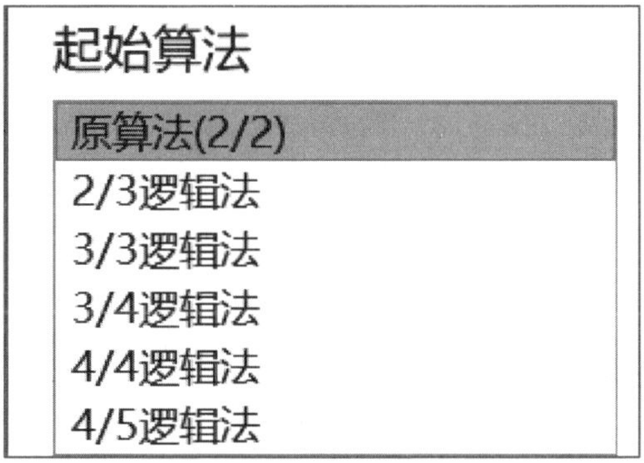

图 8.23 扩充后的逻辑起始算法

通过 MATLAB 对不同的逻辑起始算法进行仿真实验，结果如图 8.25～8.29 所示。仿真程序见参考程序 8-1。

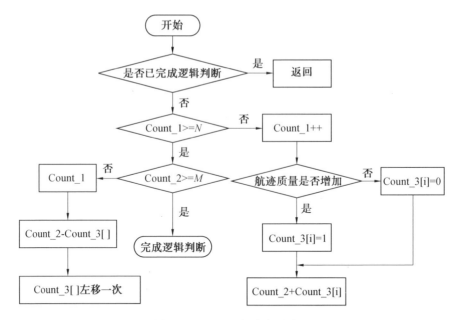

图 8.24 M/N 逻辑法实现流程

仿真条件:有 5 个待检测目标,6 个扫描周期,杂波分布服从泊松分布。对于 M/N 准则,即 $N=6$,设置 M 分别为 6、3、2,夹角分别为 60°和 20°。从仿真结果中可以看出,M 越大,虚假航迹数越少,算法对虚假航迹的控制能力越强。通过设定夹角,可以改善虚假航迹数量。通过比较不同起航点数,在同样的杂波环境下,两点起航虚假航迹数较多,杂波点大量被误认为目标点迹而进行相关处理,对虚假航迹抑制能力差。

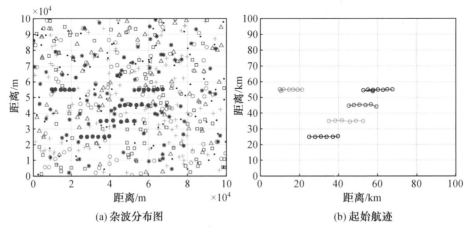

(a) 杂波分布图　　　　　(b) 起始航迹

图 8.25　6/6/60°(7 批)(彩图见附录 2)

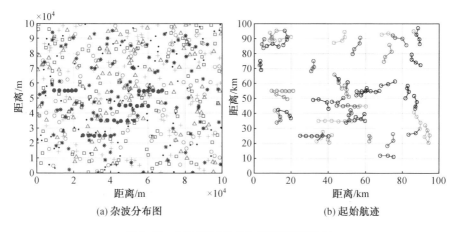

(a) 杂波分布图　　　　　　　(b) 起始航迹

图 8.26　3/6/60°(62 批)(彩图见附录 2)

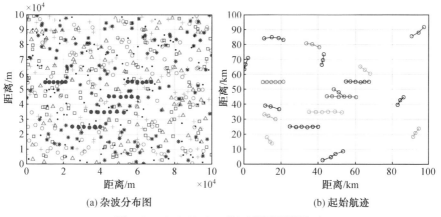

(a) 杂波分布图　　　　　　　(b) 起始航迹

图 8.27　3/6/20°(19 批)(彩图见附录 2)

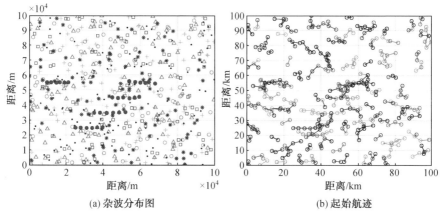

(a) 杂波分布图　　　　　　　(b) 起始航迹

图 8.28　2/6/60°(215 批)(彩图见附录 2)

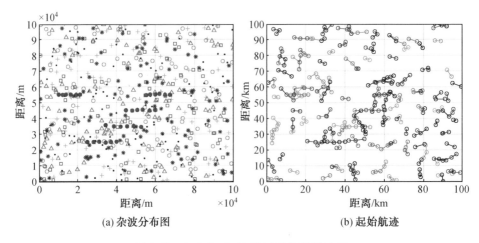

(a) 杂波分布图　　　　　　　(b) 起始航迹

图 8.29　$2/6/20°$（190 批）（彩图见附录 2）

② 数据处理结果。

对于以下所有的滤波算法采用的都是同一组采集到的点迹数据,其中真目标个数为 14 个,其他都为虚假目标。分别采用 M/N 为 2/2 和 4/4 两种逻辑法进行航迹处理。图 8.30 所示为最终生成的航迹图,表 8.8 和表 8.9 为两种结果。从表中可以看出,采用 4/4 可以明显减少虚假航迹数,虚假航迹数由 213 个减少到 136 个,真实航迹数基本保持一致。

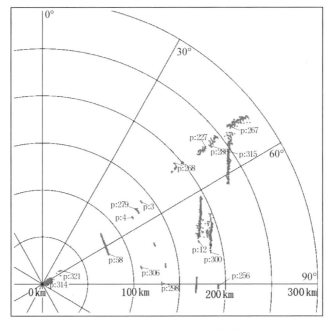

图 8.30　最终生成的航迹图

表8.8 逻辑准则为2/2的航迹信息统计结果

指标项	扫描次数	虚假航迹个数	虚假航迹持续时间	真实航迹个数	真实航迹持续时间	单位时间虚假航迹（批/秒）	虚假航迹平均维持时间/s
结果	136	213	3 501.87	16	891.53	1.36	16.44

表8.9 逻辑准则为4/4的航迹信息统计结果

指标项	扫描次数	虚假航迹个数	虚假航迹持续时间	真实航迹个数	真实航迹持续时间	单位时间虚假航迹（批/秒）	虚假航迹平均维持时间/s
结果	136	136	2 813.7	13	907	0.88	20.69

（2）实现速度滤波。

①算法实现。

首先,根据常见目标速度和加速度建立速度区间,然后根据区间做出目标测量如何处理的决策,如图8.31所示。

图8.31 速度区间设置

在M/N逻辑法起始阶段,记录每个航迹点的速度滤波值,得到速度均值$\hat{V}$。

当$V_{\min} \leq \hat{V} \leq V_{\max}$,目标速度满足要求,接受目标,滤波输出,否则不接受目标,该航迹丢弃,速度滤波实现流程如图8.32所示。

②数据处理结果。

原数据处理未对速度进行限制,现更改速度范围为50～2 000 m/s,统计得到的航迹信息见表8.10。从表中可以得知,增加速度滤波后,真实航迹数为12个,与实际值相差2个,可能是目标速度值跳动较大,其速度平均值落到速度范围之外,导致航迹被舍弃。与表8.8中的结果相比,虚假航迹数从213个减少到128个,主要是对近区杂波点迹的滤除。速度滤波可以很直接的起到对虚假航迹的滤除效果,但应用起来需要前提。首先是保证对目标测速稳定,速度值跳动幅度小,否则容易被舍弃;其次是目标速度难以提前预知,只能设置一定的范围,很难避免杂波点迹进入,而从对目标测速情况来看,速度值跳动较大幅度较大,因此

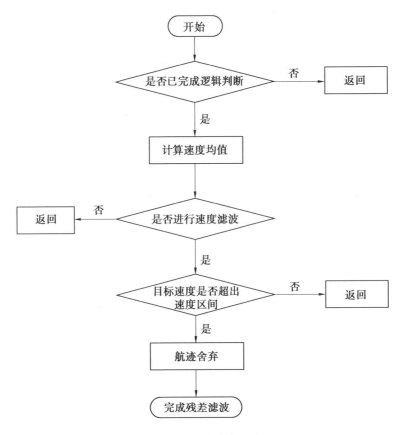

图 8.32 速度滤波实现流程

在实际工作中,对速度进行滤波时范围应设置较大,避免漏掉真实目标。

表 8.10 速度滤波后的航迹信息

指标项	扫描次数	虚假航迹个数	虚假航迹持续时间	真实航迹个数	真实航迹持续时间	单位时间虚假航迹（批/秒）	虚假航迹平均维持时间/s
结果	136	128	1 785.4	12	781.96	0.83	13.94

(3) 实现残差滤波。

①算法实现。

设雷达初始航迹点序列为 $(p_1, p_2 \cdots, p_N)$,令 $\hat{p_i}$ 为 p_i 的滤波值,$v_i = \hat{p_i} - p_i$ 为该序列中第 i 点的残差,而序列的残差用 E 表示,计算公式为

$$E = \sqrt{\frac{\sum v_i^2}{N-1}} \tag{8.1}$$

雷达测量信息是在极坐标下获取的,其距离、方位、俯仰探测精度分别为 σ_R、σ_A、σ_E,可通过信号处理后结果获取。当残差门限计算完成后,则可以将序列的残差与门限进行比较,残差门限为 $\kappa\sigma_R$、$\kappa\sigma_A$、$\kappa\sigma_E$,κ 系数可根据实际情况进行调整。若小于门限,则正常起始航迹,若大于门限,则舍弃该航迹。具体标准:如 $E_R \leqslant \kappa\sigma_R$ 且 $E_A \leqslant \kappa\sigma_A$ 且 $E_E \leqslant \kappa\sigma_E$,则航迹起始;如 $E_R \geqslant \kappa\sigma_R$ 或 $E_A \geqslant \kappa\sigma_A$ 或 $E_E \geqslant \kappa\sigma_E$,则航迹舍弃。

采用该方法能保证在起始初期剔除一些虽然能相关成功,但质量明显较差的虚假航迹。

残差滤波实现流程如图 8.33 所示。

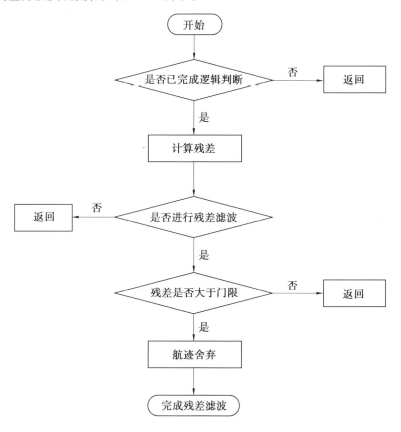

图 8.33 残差滤波实现流程

② 数据处理结果。

对于残差滤波,残差计算根据逻辑法中需要的点迹参数进行,因此一般选择较大的 M 值,此处 $M=4$。残差系数分别为距离系数 $\kappa_R = 15$、方位系数 $\kappa_A = 5$、俯仰系数 $\kappa_E = 5$。残差滤波后得到的航迹信息见表 8.11。与表 8.8 中的结果相比,虚假航迹数进一步减少,航迹正确率提高9%,但真实航迹数与实际个数相差3个。由此可以看出,残差滤波由于综合多个点迹的距离、方位及俯仰信息,能有效过滤杂波点迹,对虚假航迹的生成具有较明显的抑制作用。在实际使用过程中,由于点迹信息具有统计意义,要想取得较好的滤波效果,对雷达精度和残差门限的设置都提出了很高要求。

表8.11 残差滤波后得到的航迹信息

指标项	扫描次数	虚假航迹个数	虚假航迹持续时间	真实航迹个数	真实航迹持续时间	单位时间虚假航迹（批/秒）	虚假航迹平均维持时间/s
结果	136	53	826.03	10	513.02	0.34	15.59

(4)实现两种航迹质量管控。

航迹起始算法中判断哪些不同周期的点迹来自同一目标是个纯粹的概率问题,因此从理论上来说,无论采取何种起始算法,在一些杂波较为集中的区域仍会在一定概率上建立一些虚假航迹。需要做的工作是尽可能降低该概率值,尽量减少虚假航迹的数量。另外,即使建立虚假航迹,也必须尽可能缩短其生命周期,减少其在态势中存在的时间。增加航迹质量管控,可尽早剔除航迹质量不满足要求的虚假航迹。

第一种通过设置航迹质量值对航迹质量直接进行控制,第二种通过对杂波按照强度进行分区,根据强度选择航迹质量,以下简称质量1-4(质量值为4)和质量2。

对于第一种航迹质量管控方法,通过对输出航迹质量进行累加计算,航迹正常进行滤波,航迹质量+1,航迹进行盲推,航迹质量-1。通过选择航迹质量门限值,一旦航迹质量大于门限,则输出航迹,否则认为航迹是虚假航迹,不进行后续处理。

对于通过杂波分区实现航迹质量控制,先对空域按照距离和方位进行分区。在本算法中,在距离段上分为3段,分别是0~30 km、30~70 km、70~300 km,在方位上分为2段,如图8.34所示,共划分为5个分区。其次,通过滑窗对分区内点迹进行统计,计算出点迹总数、分区点迹平均数。有两种方式实施杂波分区对虚假航迹的抑制。

①考虑雷达探测近区,如分区1和3,受杂波影响较大,设置航迹质量门限值为Thres1,设置分区2和4航迹质量门限值为Thres2,设置分区5航迹质量门限值为Thres3,Thres1>Thres2>Thres3。

②通过对分区点迹数和分区点迹平均数进行比较,选择不同的航迹质量门限值。

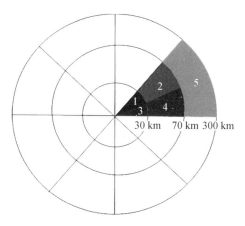

图 8.34 分区杂波示意图

以上两种方法主要是对第一种航迹质量管控方法的改善,根据分区杂波水平调整航迹质量门限值,有针对性的加强对杂波点迹较多区域的虚假航迹抑制,同时减少远区的航迹起始时间。

对于第一种航迹质量管控方法,设置质量值为 4,航迹结果见表 8.12。对于基于杂波分区的航迹质量管控方法,航迹结果见表 8.13。从表中可以看出,通过对航迹进行质量控制,可以达到滤除虚假航迹的目的。

表 8.12 第一种航迹质量管控方法处理结果

指标项	扫描次数	虚假航迹个数	虚假航迹持续时间	真实航迹个数	真实航迹持续时间	单位时间虚假航迹(批/秒)	虚假航迹平均维持时间/s
结果	136	77	2 223.84	16	891.57	0.5	28.88

表 8.13 基于导波分区的航迹位置管控方法处理结果

指标项	扫描次数	虚假航迹个数	虚假航迹持续时间	真实航迹个数	真实航迹持续时间	单位时间虚假航迹(批/秒)	虚假航迹平均维持时间/s
结果	136	150	3 516.56	15	886.23	0.98	23.44

(5)增加距离和方位滤波。

通过在航迹输出中,增加距离和方位信息滤波,一方面可以降低数据处理的负担,另一方面可以把关心的区域显示出来,有助于对重点目标的观察。如图 8.35(a)所示,设置距离范围为 100~300 km,从结果中可以看出,距离小于 100 km 的点迹不会进行航迹处理,如虚框所示,只对大于 100 km 的点迹形成航迹。在图 8.35(b)中，设置方位范围为 60°~90°，输出航迹符合范围要求，虚线以上没有航迹出现。在实际使用过程中，可灵活对距离和方位信息进行设置，从而取得更好的效果。

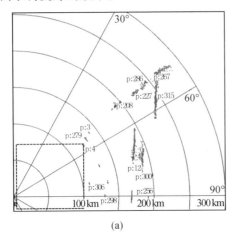

(a)

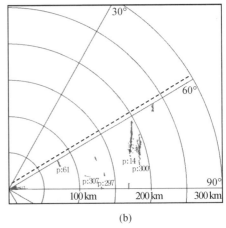

(b)

图 8.35　距离和方位滤波

(6) 虚假航迹抑制方法应用策略。

以上针对虚假航迹抑制分析了多种方法，在实际使用中可单独使用，也可综合使用。逻辑起始 4+残差+质量 1 结果见表 8.14。

表 8.14　逻辑起始 4+残差+质量 1 结果

指标项	扫描次数	虚假航迹个数	虚假航迹持续时间	真实航迹个数	真实航迹持续时间	单位时间虚假航迹（批/秒）	虚假航迹平均维持时间/s
结果	136	19	713.03	9	610.2	0.12	37.53

通过综合使用逻辑法+残差滤波+航迹质量管控，虚假航迹数进一步减少。受航迹质量管控的影响，与逻辑法+残差滤波下的真实航迹数 10 相比，本次真实航迹数为 9。可见，条件越苛刻，对虚假航迹抑制效果越好，但也会影响到对真实航迹的处理，需折中考虑。

(7) 航迹质量评估方法。

在雷达数据处理中，对航迹质量进行评估是一个至关重要的环节，评估结果直接反应数据处理方法的优劣。航迹质量指标有很多，包括虚假航迹数、虚假航迹持续时间、虚假航迹平均维持时间、航迹启动时间、航迹丢点数等等。其中，虚假航迹数直接反映数据处理中对虚假航迹的抑制能力。在数据处理过程中如何根据点迹数据辨识出真假目标，是进行虚假航迹统计的前提。算法基于目标点迹特性,结合差值和航向对航迹进行多重判定,在满足一定误差率下对虚假航迹数进行统计。在此基础上,得到虚假航迹持续时间、虚假航迹率等指标,可直接对雷达的数据处理效果进行评估,也可作为评估指标对外界干扰效果进行定量评估,解决雷达难以实时准确的判定虚假航迹的问题。

虚假航迹评估总体实现流程如图 8.36 所示。首先通过网络接收航迹数据,对航迹点进行累计,累计点数可调整,通过累计点数对航迹进行粗分类,满足累计点数后为暂定真实航迹,不满足则为虚假航迹。对暂定真实航迹进行差值判断和航向判断后,输出虚假航迹数。其中,判断标准根据雷达测量误差和目标特性进行调整。

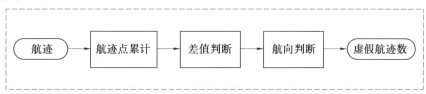

图 8.36 虚假航迹评估总体实现流程

① 差值判断。

差值的计算和残差的计算类似,应用场合不一样。设雷达初始航迹点序列为 $(p_1, p_2 \cdots, p_N)$,令 $\hat{p}_i$ 为 p_i 的滤波值,$v_i = \hat{p}_i - p_i$ 为该序列中第 i 点的差值,而序列的残差用 E 表示,计算公式为

$$E = \sqrt{\frac{\sum v_i^2}{N-1}} \tag{8.2}$$

雷达测量信息是在极坐标下获取的,其距离、方位、俯仰探测精度分别为 σ_R、σ_A、σ_E,可通过信号处理后结果获取。当差值门限计算完成后,则可以将序列的差值与门限进行比较,差值门限为 $\kappa_R \sigma_R$、$\kappa_A \sigma_A$、$\kappa_E \sigma_E$,κ_R、κ_A、κ_E 系数可根据实际情况进行调整。对于模拟目标,$\kappa_R = 1.5$,$\kappa_A = 1$,$\kappa_E = 1$;对于民航目标,$\kappa_R = 2.5$,$\kappa_A = 1.5$,$\kappa_E = 1.5$。若小于门限,则为真实航迹,若大于门限,则为虚假航迹。具体判定标准如下:如 $E_R \leqslant \kappa_R \sigma_R$ 且 $E_A \leqslant \kappa_A \sigma_A$ 且 $E_E \leqslant \kappa_E \sigma_E$,则判定为真实航迹;如 $E_R \geqslant \kappa_R \sigma_R$ 或 $E_A \geqslant \kappa_A \sigma_A$ 或 $E_E \geqslant \kappa_E \sigma_E$,则判定为虚假航迹。

采用该方法能保证剔除一些虽然能相关成功,但质量明显较差的虚假航迹。

② 航向判断。

假设目标没有进行复杂的行动,目标的航向是一个平稳缓变过程,航迹的航向均方误差应小于给定门限,设

$$\widetilde{C} = \tan^{-1}\left(\frac{Y_n - Y_0}{X_n - X_0}\right) \tag{8.3}$$

其中，X_n、Y_n 为航迹滤波的第 n 个点迹；X_0、Y_0 为航迹滤波的第 1 个点迹，则

$$\widetilde{C}_i = \tan^{-1}(\frac{Y_i - Y_{i-1}}{X_i - X_{i-1}}), \sigma_C = \sqrt{\frac{\sum (\widetilde{C}_i - \widetilde{C})^2}{n-1}} \qquad (8.4)$$

具体判定准则如下：如 $\sigma_C < K_C$，则判定为真实航迹；如 $\sigma_C > K_C$，则判定为虚假航迹。其中，K_C 为航向误差门限，为了保证较高的正确航迹率，可将门限设置较大。对于模拟目标，$K_C = 20$；对于民航目标，$K_C = 40$。

航迹质量评估算法实现流程如图 8.37 所示。

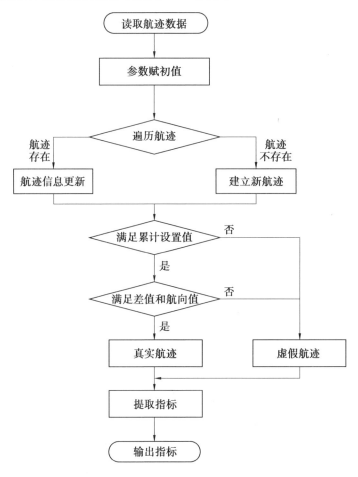

图 8.37　航迹质量评估算法实现流程

首先通过信号槽机制读取航迹数据，对各项指标参数、阈值进行赋初值。根据航迹数对航迹进行遍历，通过航迹批号判断航迹是否存在，已存在则进行航迹信息更新，不存在则新建航迹。其次，对单个航迹序列中的点数进行判断，大于

累计设置值,则进行下一步,小于累计设置值,则直接判断为虚假航迹。对满足累计值的航迹进行差值和航向值计算,将计算结果和阈值进行比较,符合条件的判定为真实航迹,否则判定为虚假航迹。最后,对航迹各项指标进行统计,使用QChart进行图形化输出,完成评估。

③实验验证。

验证通过模拟数据和跟飞数据进行,模拟数据为雷达模拟器产生,包含7个真实目标和杂波,跟飞数据为雷达开机后跟踪民航采集获取,目标个数为30个。下面对未采用累计判定(判定1)和采用多重判定(判定2)两种方式的统计结果进行比较。

(a)模拟数据验证。

结合模拟数据,对两种判定方法进行测试,测试结果如图8.38和图8.39所示。其中,航迹累计点数设为5,系数$\kappa_R=1.5$,$\kappa_A=1$,$\kappa_E=4$。

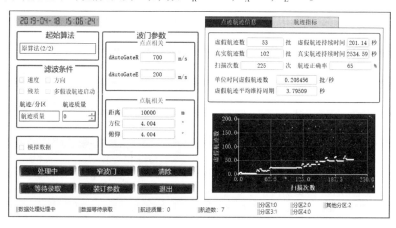

图8.38 判定1测试结果

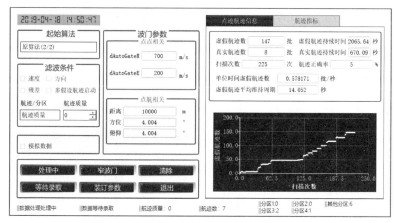

图8.39 判定2测试结果

模拟数据航迹指标见表 8.15。

表 8.15　模拟数据航迹指标

判定方法	虚假航迹数	真实航迹数	虚假航迹持续时间/s	真实航迹持续时间/s	航迹正确率/%	单位时间虚假航迹数
判定 1	53	102	201	2 534	65	0.21
判定 2	147	8	2 065	670	5	0.57

从表 8.15 中可以明显看出,两种方法统计出来的真实航迹数差别较大,判定 1 的真实航迹数为 102 个,而判定 2 的真实航迹数为 8 个,显然判定 2 的结果与实际情况相符合。

(b) 跟飞数据验证。

结合跟飞数据,对两种判定方法进行测试,测试结果如图 8.40 和图 8.41 所示。其中,航迹累计点数设为 5,系数 $\kappa_R = 2.5$,$\kappa_A = 1.5$,$\kappa_E = 4$。

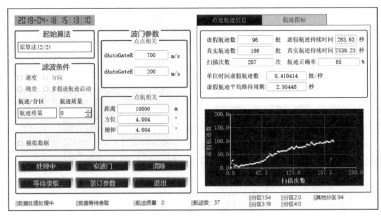

图 8.40　判定 1 测试结果

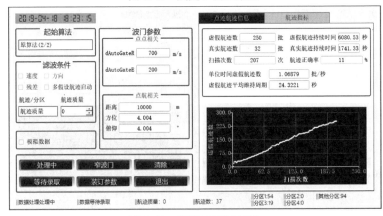

图 8.41　判定 2 测试结果

跟飞数据航迹质量见表8.16。

表8.16 跟飞数据航迹质量

判定方法	虚假航迹数	真实航迹数	虚假航迹持续时间/s	真实航迹持续时间/s	航迹正确率/%	单位时间虚假航迹数
判定1	96	186	283	7 538	65	0.41
判定2	250	32	6 080	1 741	11	1.06

从表8.16中可以看出,两种方法统计出来的真实航迹数差别同样较大,判定1的真实航迹数为186个,而判定2的真实航迹数为32个,显然判定2的结果更符合实际情况,但也存在一定的误差。误差的大小和判定的门限设置有关,可通过相关先验知识选择适合实际情况的参数,降低检测误差。

7. 主界面功能实现

在主界面功能实现中,主要完成相关变量的声明和定义,包络3个子线程变量、界面参数设置与数据处理的交互、点航迹信息的显示及航迹质量指标的统计。

通过信号槽接收点迹接收子线程发送过来的点迹报文,通过槽函数point_collect对接收点迹报文进行填充处理。

connect(pReceiverDotThread, SIGNAL(send_dot(_pointdata)), this, SLOT(point_collect(_pointdata)));

通过槽函数display_track接收航迹发送线程发送的航迹报文,在QtableWidget中进行显示。

connect(pSend_Trace, SIGNAL(send_track(TracePack)), this, SLOT(display_track(TracePack)));

display_track.cpp具体实现如下。

```
void Widget::display_track(TracePack trace)
{
    ui->tableWidget_2->clear();
    tracenum=trace.cTrackNum;
    for(int i=0; i < trace.cTrackNum; i++)
    {
        ui->tableWidget_2->setRowCount(128);
        ui->tableWidget_2->setItem(i,0,new
```

```
                QTableWidgetItem(QString::number(trace.Data[i].sNo)));
            ui->tableWidget_2->setItem(i,1,new
                QTableWidgetItem(QString::number(trace.Data[i].iFilterR)));
            ui->tableWidget_2->setItem(i,2,new
                QTableWidgetItem(QString::number(trace.Data[i].sFilterA/
                100)));
            ui->tableWidget_2->setItem(i,3,new
                QTableWidgetItem(QString::number(trace.Data[i].sFilterE/
                100)));
            ui->tableWidget_2->setItem(i,4,new
                QTableWidgetItem(QString::number(trace.Data[i].VFilterV/
                10)));
            ui->tableWidget_2->item(i,0)->setTextAlignment(Qt::AlignHCenter|Qt::
                AlignVCenter);
            ui->tableWidget_2->item(i,1)->setTextAlignment(Qt::AlignHCenter|Qt::
                AlignVCenter);
            ui->tableWidget_2->item(i,2)->setTextAlignment(Qt::AlignHCenter|Qt::
                AlignVCenter);
            ui->tableWidget_2->item(i,3)->setTextAlignment(Qt::AlignHCenter|Qt::
                AlignVCenter);
            ui->tableWidget_2->item(i,4)->setTextAlignment(Qt::AlignHCenter|Qt::
                AlignVCenter);
        }
    }
```

8.3.3 雷达数据处理软件实现效果

将数据处理软件接入目标模拟系统,目标模拟发送50 km以内杂波点迹、7个运动目标及1个固定目标。数据处理得到的航迹在PPI显如图8.42所示,其中黄色点为点迹,红色为航迹。从图中可以看出,运动航迹稳定,与理论航迹基本保持一致,验证数据处理软件能满足使用需求。

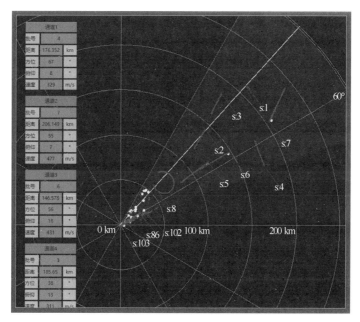

图 8.42　数据处理得到的航迹在 PPI 显（彩图见附录 2）

8.4　基于 ADS-B 的雷达系统误差校准

雷达对目标进行观测时存在随机误差和系统误差两种误差。随机误差是由于随机观测噪声和目标随机机动引起的，可以通过各种滤波方法对其进行消除；系统误差是由测量环境、伺服系统、天线等因素引起的，是一种确定性误差。雷达系统误差是一个相对固定的值，包括斜距、方位和俯仰等系统误差，对于同一雷达而言，它们的值是相对固定的，产生系统误差的原因多种多样。为了提高雷达对目标的探测精度，减弱多雷达情报融合时雷达系统误差带来的影响，有必要对雷达系统误差进行标定。

8.4.1　广播式自动相关监视（automatic dependent surveillance-broadcast，ADS-B）技术

目前，常用的雷达性能测试方法是利用军用飞机作为合作目标，在军用飞机上加装 GPS 模块用来记录飞行的航迹，将记录的数据作为评估的真值，这种方法由于兵力调动和空中管制的限制，耗费大、周期长，实施难度较大，会影响实验的进度。由于雷达装备的研制、维修与保障任务日益加重，无论是雷达研制单位、雷达修理厂家，甚至是军方使用单位，都迫切需要一种耗费小、周期短的手段来

实现对雷达性能指标的测试。

ADS-B 是一种对未来空中交通管理事业发展非常有利的监视技术。它是国际新航行系统近 20 年来不断发展通信、导航、监视技术的综合运用。它集成了机载导航系统导出精准的航行数据(包括身份编码、三维位置、速度矢量、飞行意图等),利用地空数据链通信方式,实时地、自发地、间歇性(每秒一次)地对外广播。在地面,用数据连接收机(而不是二次雷达)就可以捕捉监视目标;在空中,相邻运行的飞机通过相互侦听他方广播(而不是相互探测和问讯)就能感知空中交通境况,判断和避免冲突。

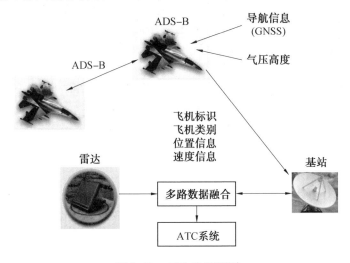

图 8.43 ADS-B 原理图

ADS-B 数据通过全球卫星导航定位系统((global navigation satellite system, GNSS),包括美国的 GPS、俄罗斯的 GLONASS、中国的 Compass 及欧盟的 Galileo 系统),获取自身的位置信息,并实时将数据下传给地面接收设备及空域中临近的其他民航飞机。由于其提供的是 GNSS,并且其他参数也由精密航空电子设备获得,因此其下传数据具备高精度的特性。

以 GPS 定位系统为例,它所提供的民用定位精度单机定位精度可以达到 10 m,如果采用载波相位差分法定位,定位精度可以达到 3~5 m。ADS-B 信息以广播方式传递,意味着地面 ADS-B 接收设备的简化,无需地面接收设备向目标飞机发射询问信号,因而 ADS-B 数据接收极为简便。

本方法通过匹配雷达点迹和 ADS-B 信息,对匹配成功的点迹位置进行插值计算,得到点迹真值位置,最后进行误差分析得到雷达系统误差。

8.4.2 雷达误差标定流程

实现雷达的误差标定是要统计出雷达输出目标点迹的斜距、方位和俯仰与真实目标的斜距、方位和俯仰值之间的固定误差。由于雷达的量测除了系统误差之外,还存在随机误差,随机误差与雷达的精度相关,不同雷达的随机误差不一致,可以通过将大量量测值进行平均的方法来消除随机误差,从而得到雷达固定的系统误差。由于 ADS-B 的位置信息是 WGS-84 坐标系下的坐标,而雷达点迹的坐标是以雷达为中心的球坐标系,因此需要将它们的坐标进行统一,把 ADS-B 的位置通过坐标转换成以雷达为中心的球坐标系。另外,由于雷达探测目标的时间和 ADS-B 广播位置的时间是不一致的,为了得到目标被雷达探测时刻的真实位置,需要把雷达点迹位置和 ADS-B 的目标位置进行时间上的对准。本节通过对 ADS-B 位置信息进行内插值的方法得到目标被雷达探测时刻的真实位置。雷达探测的点迹和 ADS-B 目标位置的配对是进行误差标定的重要步骤,如何准确地进行相关配对关系误差标定的准确性。雷达系统误差估计流程如图 8.44 所示。

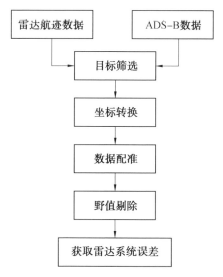

图 8.44　雷达系统误差估计流程

1. 坐标转换

在对 ADS-B 接收机接收数据的处理中,GPS 坐标的转换至关重要,其转换的精度直接关系雷达测试精度的效果。由于民航飞机下传的位置数据是经度、纬度和高度信息,而雷达获得数据是以雷达坐标系为基准的斜距、方位和俯仰,因此需要将民航飞机数据与雷达数据转换到同一个坐标系下才能做数据比对分析。为了提高坐标转换的精度,首先由参心大地坐标系转换为参心空间直角坐标系,其次是由空间直角坐标转换为适用于雷达的雷达坐标系。

(1) 由参心大地坐标系转换为参心空间直角坐标系。

由参心大地坐标系转换为参心空间直角坐标系的转换公式如下:

$$\begin{cases} X = (N+H)\cos B\cos L \\ Y = (N+H)\cos B\sin L \\ Z = (N(1-e^2)+H)\sin B \end{cases} \quad (8.5)$$

式中,N 为椭球面的曲率半径;H 为大地高度;B 为大地纬度;L 为大地经度;e 为椭球的第一偏心率。

(2) 由空间直角坐标系转换为雷达坐标系。

由空间直角坐标系转换为雷达坐标系的转换关系如图 8.45 所示。

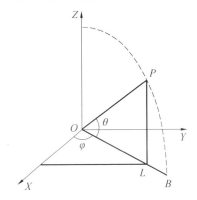

图 8.45 由空间直角坐标系转换为雷达坐标系的转换关系

雷达坐标是指斜距、方位和俯仰,分别用 γ、φ、θ 表示。转换公式如下:

$$\begin{cases} \gamma = \sqrt{x^2+y^2+z^2} \\ \varphi = 180 - \arctan\left(\dfrac{x}{y}\right)\left(\dfrac{180}{\pi}\right) \\ \theta = \arcsin\left(\dfrac{z}{\gamma}\right)\left(\dfrac{180}{\pi}\right) \end{cases} \quad (8.6)$$

如果得到的方位结果小于零,需要加上 360°进行修正。

2. 数据插值

一般来说,雷达检飞实验中,对给定高度、速度的航次进行测量,记录测量值后,与真值数据(民航 ADS-B 数据)进行比较分析。空间曲线比对算法首先把真值数据坐标系转换到雷达的测量坐标系,然后对真值数据进行插值(线性插值、三次样条插值),以曲线拟合度为基准把两组数据对齐,然后剔野(剔除异常值)求出两组数据的一次差和标准差,再对数据进行剔野(大于 3 倍标准差),直至没有野值出现,最后求得该组数据的一次差和标准差,得到总误差。

由于真值数据和雷达的数据率不统一,因此需要对真值数据进行插值,以求达到更好的匹配效果。插值算法有多种,比如线性插值方法和三次样条插值方法。线性插值的好处在于民航目标大多处于平稳飞行状态,极少出现急转、急停的状态,所以可以将民航目标做直线飞行,插值点比较靠近真值点,其缺点在于飞机转弯时效果略显不好。三次样条插值的好处在于能够在一定程度上处理民航目标转弯的情况。然而,当数据出现跳点时插值会出现相当大的误差,在此选用的是线性插值方法。

根据雷达数据坐标点和插值后的真值数据坐标点,求出与雷达坐标点最近的真值数据坐标点,该坐标点即为与雷达数据坐标点的匹配点。超过系统支持的最大查找距离还没有匹配的点,则表示该点没有匹配点,为野值,将直接删除该点,也就是一次剔野。

8.4.3 实采数据处理

在数据采集过程中,被测雷达和 ADS-B 地面接收设备同时开机,分别记录空域中的民航位置信息。需要注意的是,ADS-B 地面接收设备需要放在没有遮挡的地方,防止影响 ADS-B 信号的接收。通过 MATLAB 对两组数据进行分析,流程如图 8.46 所示。

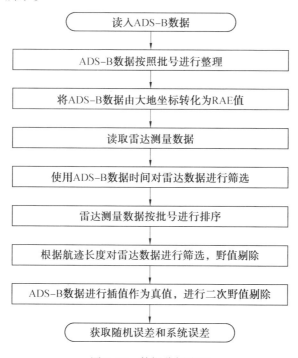

图 8.46　数据分析流程

(1) 读入由 ADS-B 接收设备记录的民航位置信息(ADS-B 数据),由于 ADS-B

设备录取的数据是包含方位360°的所有民航飞机,在进行数据分析之前,首先通过雷达探测空域(方位和距离)对 ADS-B 设备获取的数据进行筛选,并按批号对数据进行排序整理。

(2)将 ADS-B 数据中的经纬高以雷达位置为原点由大地坐标系转化为 RAE 值(距离、方位、俯仰)。

(3)读取雷达测量得到的航迹数据,计算 ADS-B 数据和雷达数据时间重叠的部分,使用 ADS-B 数据时间对雷达数据进行筛选后按照批号进行排序。

(4)为了保证雷达测量数据的时长和稳定性,根据航迹长度对雷达数据进行筛选,设置距离、方位和俯仰角门限值,根据 ADS-B 数据与雷达测量数据的差值、门限值进行比较,进行野值剔除。

(5)将 ADS-B 数据在大地坐标系中进行线性插值作为真值,再转换成 RAE 和雷达 RAE 进行比较以后进行二次野值剔除。

(6)计算随机误差和系统误差。

本节首先根据 ADS-B 测量数据对雷达测量误差进行标定,然后再使用 ADS-B 数据和 GPS 数据作为真值,对标定结果进行验证。

1. 根据 ADS-B 数据进行误差计算

对第一组 ADS-B 测试数据和雷达探测数据通过 P 显比对结果如图 8.47 所示,红色为 ADS-B 测试数据,蓝色为雷达数据,距离俯仰比对结果如图 8.48 所示,雷达系统误差见表 8.17。

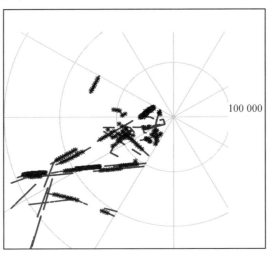

图 8.47 对第一组 ADS-B 测试数据和雷达探测数据通过 P 显比对结果(彩图见附录2)

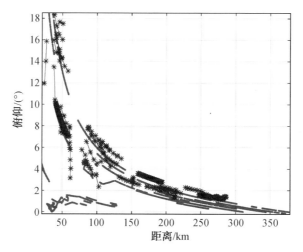

图 8.48 距离俯仰比对结果(彩图见附录 2)

表 8.17 雷达系统误差

批号	系统差			随机差			均方根		
	距离/m	方位/(°)	俯仰/(°)	距离/m	方位/(°)	俯仰/(°)	距离/m	方位/(°)	俯仰/(°)
T107	10.28	-0.03	0.71	7.32	0.11	0.02	12.61	0.11	0.71
T108	90.19	0.14	0.62	9.8	0.02	0.01	90.72	0.15	0.62
T116	35.45	0.16	0.67	7.47	0.05	0.08	36.22	0.17	0.67

从图 8.50 和 8.51 中可以看出,在相同探测区域内,两者航迹数不一样,ADS-B 记录的航迹数为 62 批,雷达数据为 29 批。对其中重合的 3 组数据进行分析,从表 8.17 可以看出,距离误差较大,方位角测量误差小于 0.2°,俯仰角测量误差大于 0.6°(测量误差均要求小于 0.2°)。根据统计误差结果,主要对雷达测角误差进行标定,而测距误差不在标定的范围内。

2. 雷达测量误差验证

(1) ADS-B 测试数据。

对第二组 ADS-B 测试数据和雷达探测数据通过 P 显比对结果如图 8.49 所示,红色为 ADS-B 测试数据,蓝色为雷达数据,雷达系统误差见表 8.18。

图 8.49 对第二组 ADS-B 测试数据和雷达探测数据通过 P 显比对结果(彩图见附录 2)

表 8.18 雷达系统误差

批号	系统差			随机差			均方根		
	距离/m	方位/(°)	俯仰/(°)	距离/m	方位/(°)	俯仰/(°)	距离/m	方位/(°)	俯仰/(°)
T221	91.84	0.29	−0.13	7.45	0.01	0.02	92.14	0.29	0.13
T229	83.78	0.17	−0.05	7.0	0.05	0.06	84.07	0.17	0.08
T240	59.7	0.17	0.01	2.59	0.02	0.01	59.75	0.17	0.02

根据上一小节中对雷达进行测量误差标定后,从表 8.18 的结果可以看出,方位测量误差小于 0.2°,基本保持不变。俯仰测量误差从大于 0.6°提高到 0.1°左右,达到指标要求。

(2) GPS 测试数据。

将 GPS 真值数据和雷达探测数据通过比对分析,得到雷达系统误差见表 8.19,测角误差均达到指标要求,与表 8.18 结果基本一致。具体误差分布如图 8.50 和 8.51 所示,在 10~110 km 范围内,误差基本在指标范围内浮动。

表 8.19 雷达系统误差

批号	系统差			随机差			均方根		
	距离/m	方位/(°)	俯仰/(°)	距离/m	方位/(°)	俯仰/(°)	距离/m	方位/(°)	俯仰/(°)
T129	2.15	0.17	−0.11	5.84	0.01	0.04	6.22	0.17	0.12
T134	8.04	0.18	−0.07	6.9	0.04	0.04	10.6	0.18	0.08

续表8.19

批号	系统差			随机差			均方根		
	距离/m	方位/(°)	俯仰/(°)	距离/m	方位/(°)	俯仰/(°)	距离/m	方位/(°)	俯仰/(°)
T146	1.75	0.17	−0.09	5.26	0.01	0.04	5.55	0.17	0.1
T187	4.41	0.16	−0.04	3.9	0.01	0.19	5.89	0.16	0.2

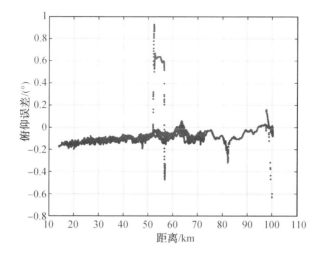

图 8.50　雷达距离-俯仰误差

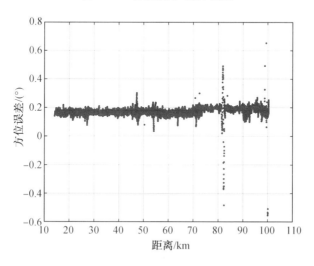

图 8.51　雷达距离-方位误差

通过雷达误差标定和验证,系统误差均在指标要求之类。可以看出,ADS−B数据可作为系统标定真值来使用,能有效提高雷达测角精度。

8.5 本章小结

本章重点介绍雷达数据处理软件的设计,首先介绍项目开发背景并对具备的功能进行描述。从界面设计开始,本章具体介绍了使用 Qt 进行软件界面设计的全过程。在软功能实现中,先从设计框架和软件模块组成展开论述,详细地对点迹预处理、点航关联和分辨、航迹清除、航迹启动、状态估计与预测六个模块的具体实现进行介绍,并结合代码对算法进行实现。最后,本章对基于 ADS-B 的雷达系统误差标校技术进行介绍,将雷达测量数据和 ADS-B 记录数据进行匹配,结合坐标转换、野值剔除、线性插值等处理方法分析得到雷达测量误差。通过采集实际民航数据对雷达系统误差进行标定,并利用 ADS-B 数据和 GPS 数据作为真值对标定结果进行验证。

参考程序

【程序 8-1(航迹起始)】

```
% 该程序是航迹起始中的 MN 逻辑算法
% 仿真环境:假设 5 个目标做匀速直线运动,使用一个 2D 雷达对这个目标进行跟踪,5 个目标的初始
% 位置为(55000m,55000m)、(45000m,45000m)、(35000m,35000m)、(25000m,25000m)
%(15000m,15000m),五个目标的速度均为 Vx=500m/s,Vy=0m/s。同时假设雷达的采样周期 T=5s
% 雷达的测向误差和测距误差分别为 0.3 度和 40 m
% 算法的参数假设:取门限为 4,采用 3/4 逻辑发起始航迹
clear;
close all;
clc;
format long
% 目标的初始位置
Point_1 = [55000,55000];
Point_2 = [45000,45000];
```

Point_3 = [35000,35000];
Point_4 = [25000,25000];
Point_5 = [15000,15000];
Point = [Point_1;Point_2;Point_3;Point_4;Point_5];
% 5 个目标的速度为
Speed = [500,0];
% 雷达的采样周期为
Ts = 5;
% 雷达进行扫描次数
N = 4;
% 确定最大最小速度的限制条件
Vmax = [1000,100];
Vmin = [0,-100];
% 雷达的测向误差和测距误差分别为 0.3 度和 40m
% 极坐标转化为直角坐标系。x = r * sin(a), y = r * cos(a)
err = diag(trans(Point_3));
err_cov = err^2;
% 门限为
threshold = 5;
% 系统的模型为:
F = [1 0 Ts 0
     0 1 0 Ts
     0 0 1 0
     0 0 0 1];
H = [1 0 0 0
     0 1 0 0];
Gamma = [Ts * Ts/2;Ts * Ts/2;Ts;Ts];
Q = norm(err);   % 过程噪声协方差阵
R = err_cov;   % 量测噪声的协方差矩阵
randn('state',sum(100 * clock));   % 设置随机数发生器
for i = 1:N
    % 杂波个数是按照泊松分布的,求杂波的个数,并初始化参数
    theta = 100;
    r = rand;
    total = 0;

```
                J = 0;
                for j = 0:10000
                    total = total+theta^j/gamma(j+1);
                    if(total<exp(theta)*r)
                        total = total+theta^(j+1)/gamma(j+2);
                        if(total>=exp(theta)*r)
                            J = j+1;
                            break;
                        else
                            total = total-theta^(j+1)/gamma(j+2);
                        end
                    end
                end
    % 每个周期的 J 个杂波按均匀分布分布随机的分布在雷达视域范围
    noise = rand(J,2)*10*10^4;
    % 雷达扫描一次后的信号,包括目标信号和杂波信号
    signal(:,:,i) = {[noise;Point]};
    % 扫描一次后,目标位置的更新
    Point = Point+repmat(Ts*Speed,5,1)+Q*rands(5,2);
end
% 对第一次雷达扫描的数据进行关联
k = 1;
for m = 1:(length(cell2mat(signal(:,:,1))))
    for n = 1:(length(cell2mat(signal(:,:,2))))
        % 计算距离矢量 dij
        mes = cell2mat(signal(:,:,1));    % 第一次扫描的数据
        mes_1 = cell2mat(signal(:,:,1+1));  % 第二次扫描的数据
d(1) = max(0,mes_1(n,1)-mes(m,1)-Vmax(1)*Ts)+max(0,-mes_1(n,1)+mes(m,1)+Vmin(1)*Ts);
d(2) = max(0,mes_1(n,2)-mes(m,2)-Vmax(2)*Ts)+max(0,-mes_1(n,2)+mes(m,2)+Vmin(2)*Ts);
        % 计算归一化距离平方
        err1 = diag(trans(mes_1(n,:)));
        err2 = diag(trans(mes(m,:)));
        err_cov1 = err1^2;
```

```
            err_cov2 = err2^2;
            D(m,n) = d * (err_cov1+err_cov2)^-1 * d´;
            if(D(m,n) <= threshold)
                pair(k,:) = {mes(m,:);mes_1(n,:)};
                % 对落入相关门波的第二次扫描量测建立可能的航迹
                % 计算由前两次量测组成的直线进行盲推
                x_init(k,:) = [mes_1(n,:),(mes_1(n,:)-mes(m,:))/Ts];
                % 利用前两个观测值来对初始条件进行估计

                % 计算协方差的更新
                %% 初始协方差的选取:参考刘刚博士的选择方式
                err = diag(trans(mes_1(n,:)));
                err_cov = err^2;
                Px0(:,:,k) = diag([diag(2*err_cov);diag(err)/Ts]);
                Px0(:,:,k) = [err_cov(1,1) 0 err_cov(1,1)/Ts 0;
                              0 err_cov(2,2) 0 err_cov(2,2)/Ts;
                              err_cov(1,1)/Ts 0 err_cov(1,1)/Ts^2 0;
                              0 err_cov(2,2)/Ts 0 err_cov(2,2)/Ts^2];
                x_forest(k,:) = F * x_init(k,:)´;       % 状态的一步预测
                out_forest(k,:) = H * x_forest(k,:)´;   % 观测的一步预测
                P(:,:,k) = F * Px0(:,:,k) * F´+Gamma * Q * Gamma´;
                % 预测协方差阵
                outside(k,:) = H * (F * x_reality(k,:)´);  % 盲推点
                S(:,:,k) = H * P(:,:,k) * H´+err_cov;   % 计算新息协方差
                Kx(:,:,k) = P(:,:,k) * H´ * inv(S(:,:,k));
                % 卡尔曼滤波增益
                 Px0(:,:,k) = Px0(:,:,k) - Kx(:,:,k) * S(:,:,k) * Kx
                (:,:,k)´;    % 协方差的更新
                outside(k,:) = out_forest(k,:);    % 盲推点
                k = k+1;
            end
        end
end
% 对关联的数据集根据3/4 逻辑算法进行航迹起始的判断
% 对关联数据进行数据的提取
```

```matlab
    for j=2:N-1
        mes_2=cell2mat(signal(:,:,j+1));
        for t=1:k-1
            for i=1:(length(mes_2))
                % 计算后续的扫描点与盲推点的 PDA
                PDA(i)=(mes_2(i,:)-outside(t,:))*inv(S(:,:,t))*
                    (mes_2(i,:)-outside(t,:))´;
            end
            [key,dex]=min(PDA);
            % 判断是否有回波落入到门波之内,有则取离盲推点最近的给予
              互联
            if(key<=threshold)
                pair(t,:)={cell2mat(pair(t,:));mes_2(dex,:)};
            end
            % 协方差及盲推点的更新
            P(:,:,t)=F*Px0(:,:,t)*F´+Gamma*Q*Gamma´;
            % 预测协方差阵
            outside(k,:)=H*(F*x_reality(k,:)´);   % 盲推点
            S(:,:,t)=H*P(:,:,t)*H´+err_cov;   % 计算新息协方差
            Kx(:,:,t)=P(:,:,t)*H´*inv(S(:,:,t));
            % 卡尔曼滤波增益
            Px0(:,:,t)=Px0(:,:,t)-Kx(:,:,t)*S(:,:,t)*Kx(:,:,t)´;
            % 协方差的更新
            x_forest(t,:)=F*x_forest(t,:)´;
            outside(t,:)=H*x_forest(t,:)´;
        end
        PDA=[];
    end
    % 绘图显示结果
    flag=['*','+','o','s'];
    for i=1:N
        mes=cell2mat(signal(:,:,i));
        plot(mes(:,1),mes(:,2),flag(i));
        pause(0.2);
        hold on
```

```
        end
    for i = 1:length(pair)
        goal = cell2mat(pair(i,:));
        if(length(goal)>=6)
            x = goal(1:2:end-1);
            y = goal(2:2:end);
            plot(x,y,'pk');
            plot(x,y,'r','LineWidth',2);
            pause(0.5);
        end
    end
% 坐标变换,将极坐标下的量测误差转化为直角坐标系下的误差
function mes_err = trans(mes)
        r = norm(mes);
        theta = atan(mes(2)/mes(1));
        jacob = [sin(theta), r*cos(theta); cos(theta), -r*sin(theta)];
        err_polar = [40, 0.3/180*pi];
        mes_err = abs(jacob*err_polar');
```

本章参考文献

[1] 霍亚飞. Qt Creator 快速入门[M]. 2版. 北京:北京航空航天大学出版社,2014.

[2] 张涛,唐小明,金林. ADS-B用于高精度雷达标定的方法[J]. 航空学报, 2015,36(12):3947-3956.

[3] 杨蓓蓓,张洪川. 一种基于ADS-B的雷达性能测试方法[J]. 雷达与对抗, 2015,35(2):12-14.

[4] 林盛,刘军伟,徐伟. 一种基于ADS-B的雷达系统误差标定方法[J]. 舰船电子对抗,2018,41(2):45-48.

[5] 周游,任伦,李硕. 基于ADS-B的警戒搜索雷达空情过滤方法[J]. 火控雷达技术,2018,47(1):20-23.

[6] 周志增. 基于航迹特征的航迹指标评估方法研究与应用[J]. 中国雷达, 2022,2:54-55.

[7] 周志增,吴志建,顾荣军,等. 基于航迹滤波的预警雷达数据处理软件研究与设计[J]. 火控雷达技术,2023,52(1):10-15.

[8] 周志增,宋林涛. 基于QT的雷达数据处理软件开发与应用[J]. 火控雷达技术,2024,47(1):20-23.

 附录 1

ADS-B 系统误差分析程序

```matlab
% require matlab 2014b
close all;
clear all;
clc;
path(path,strcat(pwd,'/trackdata'));
% 对 ADS-B 数据进行帅选条件
minAzimuth = 30;
maxAzimuth = 90;
minRange_ADS = 0 * 1000;
maxRange_ADS = 450 * 1000;
% 对雷达数据进行帅选条件
minRange = 0 * 1000;
maxRange = 450 * 1000;
menxian = 50;
traceNumRequired = 5;
% 对 ADS-B 时间做修正
% 雷达经纬度
radarLongitude = 114.7374452353;
radarLatitude = 36.8991277441;
radarHeight = 187.1;
```

附录1 ADS-B 系统误差分析程序

```
adsComTime = 0;     % ms
[centergc, tfmat] = gcmat([radarLongitude   radarLatitude   radarHeight]);
correctionEnabled = 1;    % 是否修正
readFlight = 1;     % 是否读入飞行文件(GPS/ADSB)
readTrack = 1;      % 是否读入航迹文件
% 读入真值文件
FL_BATCH = 1;
FL_TIME = 2;
FL_DAYTIME = 3;
FL_LONGITUDE = 4;
FL_LATITUDE = 5;
FL_ALTITUDE = 6;
FL_RANGE = 7;
FL_AZIMUTH = 8;
FL_ELEVATION = 9;
defaultFlightDir = 'F:\ADS-B 数据\save';    %.dat 为 ads_b 数据
defaultTrackDir = 'F:\雷达\save';
% 首先对真值数据进行读取处理
flightPlots = 0;
flightFormat = 1;%0=ADSB   1-GPS   100=OTHER RADAR
% 作为真值来源
if readFlight
    [filename, filepath] = uigetfile({'*.dat;*.txt;*.csv;*.xls'}, '选择 GPS/ADSB 文件…', defaultFlightDir, 'MultiSelect', 'on');
    if( ~ischar(filename) || ~iscell(filename) ) && ~ischar(filepath)
        fprintf(1, 'user cancelled\n');
        return;
    end
    if ~iscell(filename)
        filename = {filename};
    end
    flights = zeros(0,9);
    rowStart = 0;
    flightNo = 0;
    % 依次加载所有文件
```

```
for n = 1:numel(filename)
    fullpath = strcat(filepath, char(filename(n)));
    [dir, name, ext] = fileparts(fullpath);
    if strcmp(ext, '.dat')
        flightFormat = 0;
    elseif strcmp(ext, '.txt')
        flightFormat = 1;
    end
    fprintf(1, '读取 %s…\n', char(filename(n)));
    if flightFormat == 0
        % 读 ADSB 文件
        fp = fopen(char(fullpath), 'r');
        if fp < 0
            continue;
        end
        expression = ['autofile-(?<year>\d\d\d\d)(?<month>\d\d)(?<day>\d\d)-…(?<hour>\d\d)(?<minute>\d\d)(?<second>\d\d)\.dat'];
        flightDateTime = regexp(char(filename(n)), expression, 'names');
        flightData = fscanf(fp, '%f,', [6, Inf])';
        flightPlots = size(flightData, 1);
        rowStart = size(flights, 1);
        rows = size(flightData, 1);
        flights(rowStart+1:rowStart+rows, :) = [flightData, zeros(flightPlots, 3)];
        flights(:,2) = flights(:,2) - adsComTime/1000;
        fclose(fp);
    end
end
data1 = convertdata(flights(1,2))
data2 = convertdata(flights(end,2))
hasFlights = exist('flights', 'var');
if hasFlights
    sortedFlights = sortrows(flights, FL_TIME);   % 按照时间进行排序
    sortedFlights = sortrows(sortedFlights, FL_BATCH);
```

附录 1　ADS-B 系统误差分析程序

```
% 按照批号进行排序
    flightTable = zeros(1,3);
    %%%%%%%%%%%%%%%%%%%%%%%%%%
    % 用雷达电扫范围对 ADS-B 进行筛选
    %%%%%%%%%%%%%%%%%%%%%%%%%%
    xyz_ = geod2topo(centergc, tfmat, sortedFlights(:,FL_LONGITUDE:FL_
    ALTITUDE));    % 由参心大地坐标系转换为参心空间直角坐标
    rae_ = xy2a(xyz_);   % 从空间直角坐标系转换为雷达坐标系
    index_ = find(rae_(:,2) > minAzimuth & rae_(:,2) < maxAzimuth &
    rae_(:,1)>minRange_ADS & rae_(:,1)<maxRange_ADS);
    sortedFlights = sortedFlights(index_,:);
    ADS_target_num=unique(sortedFlights(:,1));
    ADS_target_num=length(ADS_target_num)
    start = 0;
    stop = 0;
    flightNumber = 0;
    flightCount = 0;
    % 从所有数据中按照批号进行甄选,最后得到一个数组,第一个值为批
      号,第二个为数据起始索引号,第三个为数据结束索引号
    for i=1:size(sortedFlights,1)
        if start == 0
            start = i;
            stop = i;
            flightNumber = sortedFlights(i, FL_BATCH);
            % 取出目标批号
        elseif flightNumber == sortedFlights(i, FL_BATCH)
            stop = i;
        else
            % add new flight
            flightCount = flightCount + 1;
            flightTable(flightCount,:)= [flightNumber, start, stop];
            start = 0;
            stop = 0;
        end
end
```

```
if stop > start
    flightCount = flightCount + 1;
    % 记录下处理过的结果,包括批号、起始点数、结束点数
    flightTable(flightCount,:) = [flightNumber, start, stop];
end
figure(1); clf; my_polar(0, 500000); hold on;
figure(2); clf;
figure(3); clf;
figure(4); clf;
figure(5); clf;
figure(6); clf;
for i = 1:flightCount
    flight = flightTable(i,:);
    flightData = sortedFlights(flight(2):flight(3),:);
    % flight 为 flightTable 的每一行数据
    xyz = geod2topo(centergc, tfmat, flightData(:,FL_LONGITUDE:FL_AL-
    TITUDE));   % 坐标转换
    rae = xy2ra(xyz);
    if(length(rae)>0)
        figure(1); my_polar(rae(:,2)*pi/180, rae(:,1), 'r.'); hold
        on;  % polar(pi/2 - rae(:,2)*pi/180, rae(:,1), '.')
        figure(2); plot(flightData(:,FL_TIME)*1000, rae(:,1)/1000, '
        ro'); hold on;   %, 'ro-',flightData(:,FL_TIME)*1000, RAE(:,
        1), 'go-' 转成 us
        figure(3); plot(flightData(:,FL_TIME)*1000, rae(:,2), 'ro');
        hold on;   %, flightData(:,FL_TIME)*1000, RAE(:,2), 'go-'
        figure(4); plot(flightData(:,FL_TIME)*1000, rae(:,3), 'ro');
        hold on;   %, flightData(:,FL_TIME)*1000, RAE(:,3), 'go-'
            figure(5); plot(rae(:,2), rae(:,3), 'r.'); hold on;   %,
            RAE(:,2), RAE(:,3), 'g.'
            figure(6); plot(rae(:,1)/1000,rae(:,2), 'r.'); hold on;
                %,RAE(:,2), RAE(:,1), 'g.'
            figure(7); plot(rae(:,1)/1000,rae(:,3), 'r.'); hold on;
                %,RAE(:,2), RAE(:,1), 'g.'
                sortedFlights(flight(2):flight(3), FL_RANGE:FL_
```

```
            ELEVATION) = rae;
        end
    end
end
%读入雷达航迹数据
F_BATCH = 1;
F_TIME = 2;
F_RANGE = 3;    %原始点迹
F_AZIMUTH = 4;
F_ELEVATION = 5;
F_RANGE2 = 6;   %航迹
F_AZIMUTH2 = 7;
F_ELEVATION2 = 8;
F_LONGITUDE = 9;
F_LATITUDE = 10;
F_ALTITUDE = 11;
F_RCS = 16;
F_SPEED = 20;
if readTrack
    [filename, filepath] = uigetfile({'track*.txt;track*.csv'}, 'Select Track file', defaultTrackDir,'MultiSelect', 'on');
    if( ~ischar(filename) || ~iscell(filename)) && ~ischar(filepath)
        fprintf(1, 'user cancelled\n');
        return;
    end
    if ~iscell(filename)
        filename = {filename};
    end
    alltrackdata = zeros(0,1);
    %依次加载所有文件
    for n = 1:numel(filename)
        fullpath = strcat(filepath, char(filename(n)));
        fprintf(1, '读取 %s ...\n', char(filename(n)));
        trackFormat = 0;
        [dir, name, ext] = fileparts(fullpath);
```

```
if strcmp(ext,'.txt')
    trackFormat = 0;
elseif strcmp(ext,'.csv')
    trackFormat = 1;
end
if trackFormat == 0
    % .txt 文件
    fp = fopen(char(fullpath),'r');
    if fp < 0
        continue;
    end
    columns = strsplit(fgets(fp),' ');
    if isempty(char(columns(1)))
        columns = columns(2:end);
    end
    sizeA = [size(columns,2),Inf];
    data = fscanf(fp,'%f',sizeA)';
    fclose(fp);
    if size(alltrackdata,2) < size(data,2)
        alltrackdata(:,size(alltrackdata,2)+1:size(data,2)) = ...
            zeros(size(alltrackdata,1),size(data,2) - size ...
            (alltrackdata,2));
    end
    % owStart 为了把多个航迹数据累加到 1 个文件 alltrackdata 中
    rowStart = size(alltrackdata,1);
    rows = size(data,1);
    alltrackdata(rowStart+1:rowStart+rows,:) = data;
else
    % .csv 文件
    [data,columns] = xlsread(fullpath);

    if size(alltrackdata,2) < size(data,2)
        alltrackdata(:,size(alltrackdata,2)+1:size(data,2)) = ...
            zeros(size(alltrackdata,1),size(data,2) - size ...
            (alltrackdata,2));
```

```
                end
                rowStart = size(alltrackdata,1);
                rows = size(data,1);
                alltrackdata(rowStart+1:rowStart+rows, :) = data;
            end
        end
    end
    % 对雷达数据进行筛选
    index2 = find(alltrackdata(:,6) > minRange & alltrackdata(:,6) < maxRange);
    alltrackdata = alltrackdata(index2,:);
    data3 = convertdata(alltrackdata(1,2))
    data4 = convertdata(alltrackdata(end,2))
    if hasFlights
        % 计算 ADS-B 数据和雷达数据时间重叠的部分
        timestart = min(flights(:,FL_TIME)*1000);
        timestop = max(flights(:,FL_TIME)*1000);    % ads_B 的时间范围
        index = find(alltrackdata(:,F_TIME) > timestart & alltrackdata(:,F_TIME) < timestop);
        alltracks = alltrackdata(index,:);
        % 用 ads_B 的时间范围去筛选雷达的数据
        % 对雷达数据用距离进行帅选
        % index = find(alltracks(:,F_RANGE) < 100000);
        % alltracks = alltracks(index,:);
    else
        alltracks = alltrackdata;
    end
    % 把雷达的数据按照批号进行排序
    sorted = sortrows(alltracks, F_BATCH);
    % 待测数据目标数:
    daice_targetNum = unique(alltracks(:,1));
    % targetNum_1 = length(daice_targetNum)
    tracks = zeros(1,2);
    tracklist = cell(1);
    trackcount = 0;
```

```
        legendcount = 0;
        precindex = 0;
        lastbatch = 0;
        first = 0;
        last = 0;
        tc = 0;
        % 从 sorted 数组(包括多批航迹)中挑选出每批航迹的数据起始点和数
          据结束点
        for k = 1:size(sorted,1)
            if k == 1 || first == 0
                first = k;
                last = k;
                lastbatch = sorted(k,F_BATCH);
            % 满足两个条件,一个条件是同一个批号,另一个条件是从第二行
              开始,后一行时间减前一行时间 要小于120 ms,用来区分不同批
              号航迹
            elseif lastbatch == sorted(k,F_BATCH)&&(sorted(k,F_TIME)-sorted
              (k-1,F_TIME)< 120*1000)
                last = k;
            else
                tc = tc + 1;
                tracks(tc,:)= [first, last];
                first = k;
                last = k;
                lastbatch = sorted(k,F_BATCH);
            end
        end
        if first > 0 && last > first && last <= size(sorted,1)
            tc = tc + 1;
            tracks(tc,:)= [first, last];
        end
        % 根据最终统计处理的待测试数据,对每个航迹数据起始航迹矩阵进行航
          迹数统计
        targetNum_1 = size(tracks,1);
        % 开始统计
```

```
fprintf(1,´批号\t 系统差\t\t\t 随机差\t\t\tRMS\t\t\t\n´);
fprintf(1,´\t 距离\t 方位\t 俯仰\t 距离\t 方位\t 俯仰\t 距离\t 方位\t 俯仰\n´);
showtracks = 1;
errorSamples = zeros(0,3+3+3);
% 对所有航迹进行图形化显示
for k=1:size(tracks,1)
    index = tracks(k,1):tracks(k,2);
    % 剔除太短的航迹
    if size(index)< traceNumRequired
        continue;
    end
    track = sorted(index,:);
    legendcount = legendcount + 1;
    targetNum_2 = legendcount;
    hintinfo = struct(´columns´, columns, ´plots´, track);
    fg = figure(1);
    dcm_fg = datacursormode(fg);
    set(dcm_fg, ´UpdateFcn´, @ track_info_callback);
    h = my_polar(track(:,F_AZIMUTH2) * pi/180, track(:,F_RANGE2),
    ´b * -´); hold on;
    set(h, ´UserData´, hintinfo); hold on;
    grid on;
    title(´红色-ADS-B   蓝色-雷达数据´);
    fg = figure(2);
    dcm_fg = datacursormode(fg);
    set(dcm_fg, ´UpdateFcn´, @ track_info_callback);
    h = plot(track(:,F_TIME), track(:,F_RANGE2)/1000, ´b * -´);
    hold on;
    set(h, ´UserData´, hintinfo); hold on;
    grid on;
    title(´时间-距离´); xlabel(´时间-ms´); ylabel(´距离-km´);
    fg = figure(3);
    dcm_fg = datacursormode(fg);
    set(dcm_fg, ´UpdateFcn´, @ track_info_callback);
    h = plot(track(:,F_TIME), track(:,F_AZIMUTH2), ´b * -´);
```

```
hold on;
set(h,'UserData',hintinfo); hold on;
grid on;
title('时间-方位'); xlabel('时间-ms'); ylabel('方位-°');
fg = figure(4);
dcm_fg = datacursormode(fg);
set(dcm_fg,'UpdateFcn',@track_info_callback);
h = plot(track(:,F_TIME),track(:,F_ELEVATION2),'b*-');
hold on;
set(h,'UserData',hintinfo); hold on;
grid on;
title('时间-俯仰'); xlabel('时间-ms'); ylabel('俯仰-°');
fg = figure(5);
dcm_fg = datacursormode(fg);
set(dcm_fg,'UpdateFcn',@track_info_callback);
h = plot(track(:,F_AZIMUTH2),track(:,F_ELEVATION2),'b*-');
hold on;
set(h,'UserData',hintinfo); hold on;
grid on;
title('方位-俯仰'); xlabel('方位-°'); ylabel('俯仰-°');
fg = figure(6);
dcm_fg = datacursormode(fg);
set(dcm_fg,'UpdateFcn',@track_info_callback);
h = plot(track(:,F_RANGE2)/1000,track(:,F_AZIMUTH2),'b*-');
hold on;
set(h,'UserData',hintinfo); hold on;
grid on;
title('距离-方位'); ylabel('方位-°'); xlabel('距离-km');
fg = figure(7);
dcm_fg = datacursormode(fg);
set(dcm_fg,'UpdateFcn',@track_info_callback);
h = plot(track(:,F_RANGE2)/1000,track(:,F_ELEVATION2),'b*-');
hold on;
set(h,'UserData',hintinfo); hold on;
grid on;
```

```
title('距离-俯仰'); ylabel('俯仰-°'); xlabel('距离-km');
tracklist{(legendcount-1)*2+1} = sprintf('T%s(origin)', num2str
(track(1,F_BATCH)));
tracklist{(legendcount-1)*2+2} = sprintf('T%s(filter)', num2str
(track(1,F_BATCH)));
% 精度
trackdata = track;
n = size(trackdata, 1);
if(n>menxian && hasFlights)    % 精度要求样本数>50
    precindex = precindex+1;
    index = 1:n;
    batch = track(1,F_BATCH);
% 查找真值航迹 b
    rangeError = 1000;
    azimuthError = 1;
    elevationError = 1;
    % 误差统计数据
    errCount = 0;
    trackError = zeros(1, 10);
    trackFlight = zeros(1,4);
    trackSpeed = zeros(1,1);
    trackErrorSamples = zeros(0, 9);
for i=1:flightCount
    flightIndex = flightTable(i,:);
    flight = sortedFlights(flightIndex(2):flightIndex(3), :);
    % flight 真值数据
    errCountTemp = 0;
    trackErrorTemp = zeros(1, 10);
    trackFlightTemp = zeros(1,4);
    trackSpeedTemp = zeros(1,1);
    errorSamplesTemp = zeros(0, 9);
    for p=1:n   % n 为雷达单个航迹的点数
        trackTime = track(p,F_TIME)/1000;
        % track 为雷达某个航迹的时间数据
        index = find(flight(:,FL_TIME)>trackTime);
```

```matlab
        % 找出雷达中大于 trackTime 的索引
        if numel(index) > 0
            pos = index(1);
            if pos > 1
                if abs(flight(pos,FL_AZIMUTH) - track(p,F_AZIMUTH2)) > azimuthError || ...
                    abs(flight(pos,FL_ELEVATION) - track(p,F_ELEVATION2)) > elevationError || ...
                    abs(flight(pos,FL_RANGE) - track(p,F_RANGE2)) > rangeError || ...
                    abs(flight(pos-1,FL_AZIMUTH) - track(p,F_AZIMUTH2)) > azimuthError || ...
                    abs(flight(pos-1,FL_ELEVATION) - track(p,F_ELEVATION2)) > elevationError || ...
                    abs(flight(pos-1,FL_RANGE) - track(p,F_RANGE2)) > rangeError
                    continue;
                end
                % 插值
                portion = (trackTime - flight(pos-1,FL_TIME))/(flight(pos,FL_TIME) - flight(pos-1,FL_TIME));
                % flightGeopos 对雷达经纬高值进行插值
                flightGeopos = flight(pos-1,FL_LONGITUDE:FL_ALTITUDE) + portion .* (flight(pos,FL_LONGITUDE:FL_ALTITUDE) - flight(pos-1,FL_LONGITUDE:FL_ALTITUDE));
                % flightPosition = flight(pos-1,FL_RANGE:FL_ELEVATION) + portion .* (flight(pos,FL_RANGE:FL_ELEVATION) - flight(pos-1,FL_RANGE:FL_ELEVATION));
                % 先通过 geod2topo(centergc, tfmat, flightGeopos) 把 flightGeopos 转化到雷达站心坐标,再通过 xy2ra 把直角坐标换算成极坐标
                flightPosition = xy2ra(geod2topo(centergc, tfmat, flightGeopos));
```

```
                    % 对雷达航迹值进行插值后作为真值
                        trackPosition = track( p, F_RANGE2: F_
                        ELEVATION2);
                    raeError = trackPosition - flightPosition;
                    % flightPosition、trackPosition、raeError 都是 1*3 矩阵
                    % 如果距离误差的绝对值大于 rangeError 直接跳过
                    if abs( raeError(1)) > rangeError
                        continue;
                    end
                    errCountTemp = errCountTemp + 1;
                        trackErrorTemp( errCountTemp,:) = [ trackTime,
                        raeError, trackPosition, flightPosition];
                        trackFlightTemp( errCountTemp, :) = [ trackTime,
                        flightPosition];
                        trackSpeedTemp( errCountTemp,:) = track( p, F_
                        SPEED);
                        errorSamplesTemp( size( errorSamplesTemp,1)+1,:) =
                        [ flightPosition, raeError, trackPosition];
                end
            end
    end
    % 保证样本数大于 50
    if errCountTemp < 50
        continue;
    end
    % 选择误差较小的匹配
    if rms( trackErrorTemp(:,2)) > rangeError
        continue;
    elseif size( trackError, 1) < 2    % 对 trackError 第一行直接赋值
        errCount = errCountTemp;
        trackError = trackErrorTemp;
        trackFlight = trackFlightTemp;
        trackSpeed = trackSpeedTemp;
        trackErrorSamples = errorSamplesTemp;
    elseif std( trackErrorTemp(:,2)) +rms( trackErrorTemp(:,2))/5 <
```

```
            std(trackError(:,2))+rms(trackError(:,2))/5
                errCount = errCountTemp;
                trackError = trackErrorTemp;
                trackFlight = trackFlightTemp;
                trackSpeed = trackSpeedTemp;
                trackErrorSamples = errorSamplesTemp;
            end
        end
        if errCount < 5
            continue;
        end
        if size(trackErrorSamples,1) > 0
            errorSamples = cat(1, errorSamples, trackErrorSamples);
        end
        % deltaAzimuth = trackdata(2:end,F_AZIMUTH2) - polyval(p, timeline
            (2:end));
        deltaSpeed = diff(trackSpeed(3:end,1));
        deltaRange = trackError(:,2);
        % deltaRange = diff(trackdata(:,F_RANGE));
        deltaAzimuth = trackError(:,3);
        deltaElevation = trackError(:,4);
        % points = 15:numel(deltaAzimuth)-1;
        % 标准差、随机差
        spderr = std(deltaSpeed);
        rngerr = std(deltaRange);
        azierr = std(deltaAzimuth);
        eleerr = std(deltaElevation);
        % 系统差
        spderr0 = mean(deltaSpeed);
        rngerr0 = mean(deltaRange);
        azierr0 = mean(deltaAzimuth);
        eleerr0 = mean(deltaElevation);
        % 均方根值
        rngrms = rms(deltaRange);
        azirms = rms(deltaAzimuth);
```

```
elerms = rms(deltaElevation);
% aziorigerr = std(deltaAzimuthOrig(points));
% eleorigerr = std(deltaElevationOrig(points));
if showtracks || azierr+abs(azierr0) > 0.2 || eleerr+abs(eleerr0) > 0.2 || spderr > 10
    fg = figure(1000+batch); clf;
    dcm_fg = datacursormode(fg);
    set(dcm_fg, 'UpdateFcn', @extra_info_callback);
    subplot(2,2,1);
    % polar(pi/2-trackdata(range,F_AZIMUTH)*pi/180, trackdata
       (range,F_RANGE)); hold on;
    polar(pi/2-trackdata(:,F_AZIMUTH2)*pi/180, trackdata(:,F_
       RANGE2), '*-'); hold on;
     polar(pi/2-trackFlight(:,3)*pi/180, trackFlight(:,2), '.-');
     hold on;
    legend('航迹', 'ADS-B');
    title(sprintf('T%d 系统差: A=%.3f 度, E=%.3f 度, S=%.3fm/s',
       batch, azierr0, eleerr0, spderr0));
    grid on;
    subplot(2,2,2);
     plot(trackdata(:,F_TIME), trackdata(:,F_AZIMUTH), '+-');
     hold on;
     plot(trackdata(:,F_TIME), trackdata(:,F_AZIMUTH2), '*-');
     hold on;
    % trackFlight 数组中包含 flightPosition 为 3118 航迹信息
    plot(trackFlight(:,1)*1000, trackFlight(:,3), '.-'); hold on;
    % trackFlight = trackFlightTemp(errCountTemp, :) = [trackTime,
    flightPosition];
     plot(trackdata(:,F_TIME), trackdata(:,F_ELEVATION), '+-');
     hold on;
     plot(trackdata(:,F_TIME), trackdata(:,F_ELEVATION2), '*-');
     hold on;
    plot(trackFlight(:,1)*1000, trackFlight(:,4), '.-'); hold on;
    legend('点迹方位', '航迹方位', 'ADSB 方位', '点迹俯仰', '航迹
       俯仰', 'ADSB 俯仰');
```

```
        title(sprintf('T%d 随机差,A=%.3f 度,E=%.3f 度,S=%.3fm/s',...
            batch,azierr,eleerr,spderr));
        xlabel('点数');ylabel('角度(度)');
        grid on;
        subplot(2,2,3);
        % plot((deltaRange(points)-mean(deltaRange(points)))/1000,'.-');
           hold on;
        plot(trackdata(:,F_TIME)/1000,trackdata(:,F_RANGE),'.-');
        hold on;
        plot(trackdata(:,F_TIME)/1000,trackdata(:,F_RANGE),'+-');
        hold on;
        plot(trackError(:,1),trackError(:,8),'o-'); hold on;
        plot(trackError(:,1),deltaRange,'.-'); hold on;
         plot(trackError(:,1),(deltaRange-mean(deltaRange)),'.-');
        hold on;
        legend('点迹距离','航迹距离','ADS-B 距离','距离差','距离随
        机差');
        title(sprintf('T%d 距离,Sr=%.3fm Rr=%.3fm RMS=%.3fm',...
            batch,rngerr0,rngerr,rngrms));
        xlabel('点数');ylabel('角度(度)');
        grid on;
        subplot(2,2,4);
        plot(deltaSpeed,'.-'); hold on;
        plot(trackSpeed(:,1),'.-'); hold on;
        legend('diff(speed),(m/s)','speed,(m/s)');
        title(sprintf('T%d 速度,随机差,S=%.3fm/s',batch,spderr));
        xlabel('点数');ylabel('速度误差 m/s');
            grid on;
        end
        fprintf(1,'T%d\t%.02f\t%.02f\t%.02f\t%.02f\t%.02f\t%.02f
        \t%.02f\t%.02f\t%.02f\n',...
            batch,rngerr0,azierr0,eleerr0,rngerr,azierr,eleerr,...
            rngrms,azirms,elerms);

    end
end
```

附录1　ADS-B 系统误差分析程序

```matlab
if size(errorSamples,1) > 0
    % 误差分析
    figure_fontsize = 14;
    figure(10); clf;
    plot(errorSamples(:,1)/1000, errorSamples(:,4), '.'); hold on;
    grid on;
    title('距离误差分布');xlabel('距离-km');ylabel('距离差-m');
    set(get(gca,'XLabel'),'FontSize',figure_fontsize);
    set(get(gca,'YLabel'),'FontSize',figure_fontsize);
    set(get(gca,'Title'),'FontSize',figure_fontsize);
    figure(11); clf;
    plot(errorSamples(:,2), errorSamples(:,5), '.'); hold on;
    grid on;
    title('方位误差分布');xlabel('方位-°');ylabel('方位差-°');
    set(get(gca,'XLabel'),'FontSize',figure_fontsize);
    set(get(gca,'YLabel'),'FontSize',figure_fontsize);
    set(get(gca,'Title'),'FontSize',figure_fontsize);
    figure(12); clf;
    plot(errorSamples(:,3), errorSamples(:,6), '.'); hold on;
    grid on;
    title('俯仰误差分布');xlabel('俯仰-°');ylabel('俯仰差-°');
    set(get(gca,'XLabel'),'FontSize',figure_fontsize);
    set(get(gca,'YLabel'),'FontSize',figure_fontsize);
    set(get(gca,'Title'),'FontSize',figure_fontsize);
    figure(13); clf;
    plot(errorSamples(:,3), errorSamples(:,5), '.'); hold on;
    grid on;
    title('方位误差分布');xlabel('俯仰-°');ylabel('方位差-°');
    set(get(gca,'XLabel'),'FontSize',figure_fontsize);
    set(get(gca,'YLabel'),'FontSize',figure_fontsize);
    set(get(gca,'Title'),'FontSize',figure_fontsize);
    figure(14); clf;
    plot(errorSamples(:,2), errorSamples(:,6), '.'); hold on;
    grid on;
    title('俯仰误差分布');xlabel('方位-°');ylabel('俯仰差-°');
```

```
set(get(gca,'XLabel'),'FontSize',figure_fontsize);
set(get(gca,'YLabel'),'FontSize',figure_fontsize);
set(get(gca,'Title'),'FontSize',figure_fontsize);
figure(15); clf;
plot(errorSamples(:,1)/1000, errorSamples(:,6), '.'); hold on;
grid on;
title('距离-俯仰误差分布');xlabel('距离-km');ylabel('俯仰差-°');
set(get(gca,'XLabel'),'FontSize',figure_fontsize);
set(get(gca,'YLabel'),'FontSize',figure_fontsize);
set(get(gca,'Title'),'FontSize',figure_fontsize);
figure(16); clf;
plot(errorSamples(:,1)/1000, errorSamples(:,5), '.'); hold on;
grid on;
title('距离-方位误差分布');xlabel('距离-km');ylabel('方位差-°');
set(get(gca,'XLabel'),'FontSize',figure_fontsize);
set(get(gca,'YLabel'),'FontSize',figure_fontsize);
set(get(gca,'Title'),'FontSize',figure_fontsize);
fprintf(1, 'error = [%f, %f, %f] +- [%f, %f, %f]\n',...
    -mean(errorSamples(:,4)), -mean(errorSamples(:,5)), -mean(errorSamples(:,6)),...
    std(errorSamples(:,4)), std(errorSamples(:,5)), std(errorSamples(:,6))...
    );
calcCov = @(A)polyfit(A(:,1), A(:,2), 1);
a11 = calcCov(sortrows(errorSamples(:,[2 5]),1));
a12 = calcCov(sortrows(errorSamples(:,[3 5]),1));
a21 = calcCov(sortrows(errorSamples(:,[2 6]),1));
a22 = calcCov(sortrows(errorSamples(:,[3 6]),1));
fprintf(1, 'cov(A,E)= [%f, %f;%f, %f]\n', a11(1), a12(1), a21(1), a22(1));
end
```

附录 2
部分彩图

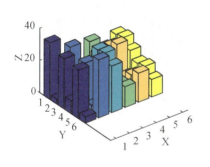
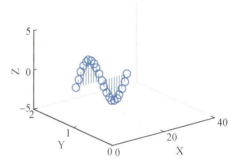
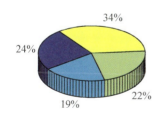
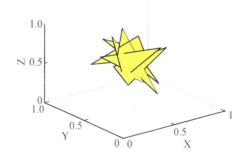

图 2.4

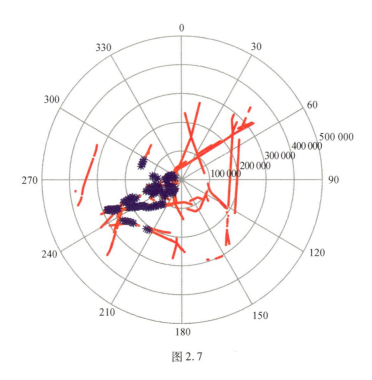

图 2.7

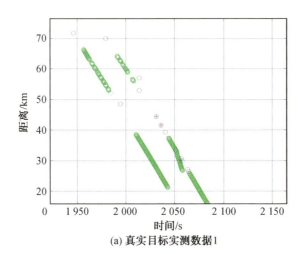

(a) 真实目标实测数据1

图 4.4

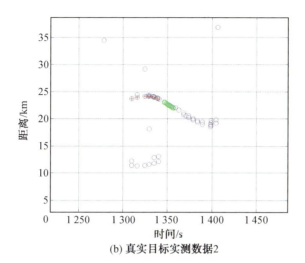

(b) 真实目标实测数据2

续图 4.4

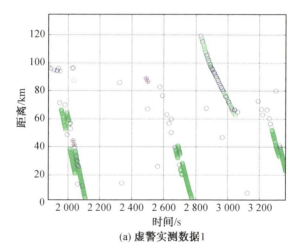

(a) 虚警实测数据1

图 4.5

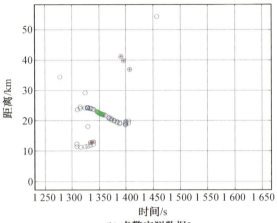

(b) 虚警实测数据2

续图 4.5

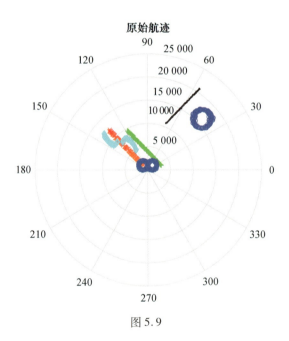

图 5.9

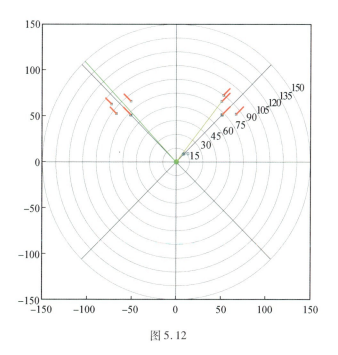

图 5.12

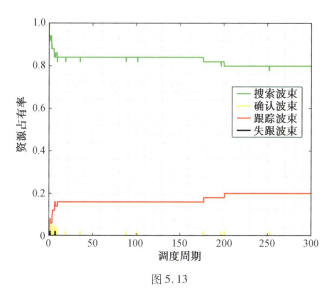

图 5.13

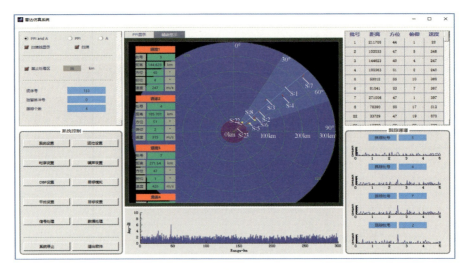

图 6.11

图 7.16

图 7.17

图 7.18

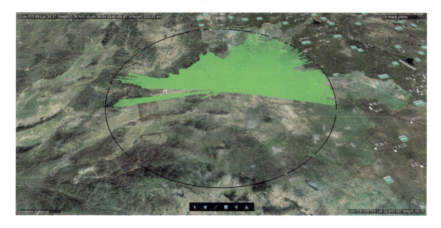

图 7.23

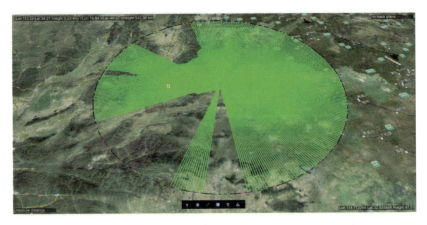

图 7.24

图 7.25

图 7.28

附录 2　部分彩图

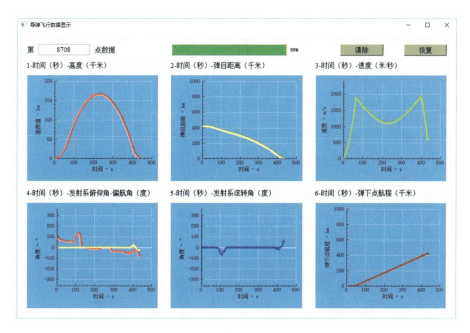

图 7.30

图 7.31

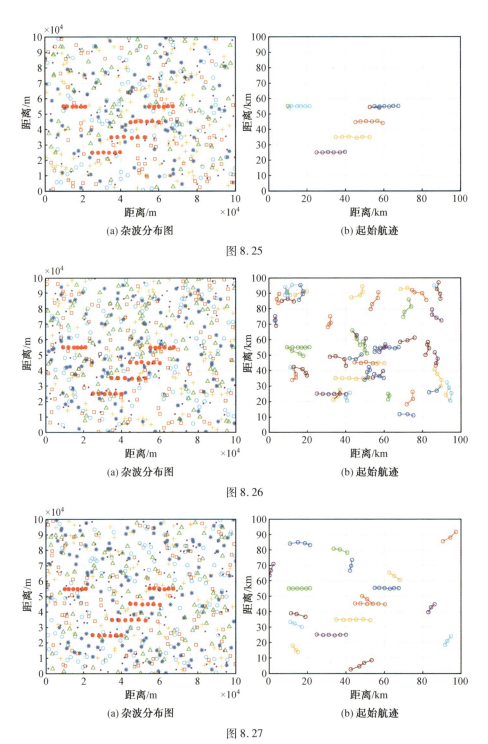

(a) 杂波分布图　　(b) 起始航迹

图 8.25

(a) 杂波分布图　　(b) 起始航迹

图 8.26

(a) 杂波分布图　　(b) 起始航迹

图 8.27